高炉喷煤理论与关键技术研究

Key Technologies and Theories of Pulverized Coal Injection into Blast Furnace

贵永亮　宋春燕　张　伟　胡宾生　著

北　京

冶金工业出版社

2016

内 容 提 要

　　本书结合作者近年来在高炉喷煤领域的理论和应用研究成果，介绍了高炉喷煤理论和关键技术的最新研究进展。全书共分 7 章，包括高炉喷煤技术概况、高炉喷吹用煤及其性能、煤中氯元素在高炉中的行为、氯元素在煤粉燃烧过程中赋存状态的变化、高炉煤气中 HCl 的脱除、煤粉喷吹的流态化过程、煤粉的输送性能等主要内容。

　　本书内容新颖、翔实，可供冶金工程专业和煤加工领域的技术人员参考，也可以作为冶金工程及其相关学科领域的专家学者、高校教师和研究生的科研参考书。

图书在版编目（CIP）数据

高炉喷煤理论与关键技术研究/贵永亮等著 . —北京：
冶金工业出版社，2016.6
　　ISBN 978-7-5024-7250-4

　　Ⅰ . ①高… 　 Ⅱ . ①贵… 　 Ⅲ . ①高炉炼铁—喷煤
Ⅳ . ①TF538.6

中国版本图书馆 CIP 数据核字（2016）第 118836 号

出 版 人　谭学余
地　　　址　北京市东城区嵩祝院北巷 39 号　邮编　100009　电话　（010）64027926
网　　　址　www.cnmip.com.cn　电子信箱　yjcbs@cnmip.com.cn
责任编辑　常国平　美术编辑　彭子赫　版式设计　吕欣童
责任校对　卿文春　责任印制　李玉山
ISBN 978-7-5024-7250-4
冶金工业出版社出版发行；各地新华书店经销；固安华明印业有限公司印刷
2016 年 6 月第 1 版，2016 年 6 月第 1 次印刷
787mm×1092mm　1/16；8.25 印张；203 千字；121 页
43.00 元
冶金工业出版社　投稿电话　（010）64027932　投稿信箱　tougao@cnmip.com.cn
冶金工业出版社营销中心　电话　（010）64044283　传真　（010）64027893
冶金书店　地址　北京市东四西大街 46 号（100010）　电话　（010）65289081（兼传真）
冶金工业出版社天猫旗舰店　yjgycbs.tmall.com
　　　　　　　（本书如有印装质量问题，本社营销中心负责退换）

前　　言

高炉喷煤技术自应用以来，在高炉炼铁工艺中一直起着非常重要的作用。通过风口喷入高炉的煤粉不仅可以替代焦炭起到提供热量和还原剂的作用，从而降低焦比和生铁成本，同时还会引起炉内煤气成分和煤气量发生变化，进而影响高炉内部的各种物理化学反应。随着高炉炼铁技术的进步，高炉大喷煤已经成为炼铁生产不可或缺的技术，并且其经济效益、社会效益和环境效益也日益突出。

喷吹煤粉作为高炉炼铁领域一个相对独立的领域，需要煤化学、粉体科学、煤燃烧学、流体力学、冶金技术及自动监测与控制等多学科的高度交叉。国内外对煤粉的燃烧、喷煤对高炉冶炼过程的影响及未燃煤粉的行为已经进行过大量的研究，也都形成了比较明确的理论，为相关技术和理论研究奠定了基础。近年来，高炉内微量元素的危害变得越来越明显，已经引起了广泛关注，其中由煤粉所带入的微量元素也不可忽视。此外，随着高炉喷煤量的逐渐增加和浓相输送技术的发展，煤粉长距离输送过程中也逐渐暴露出一些问题。在这些方面，除了公开发表的文献外，比较系统性的相关书籍资料较少。

本书结合作者近年来在高炉喷煤领域的理论与技术研究成果，介绍了高炉喷煤的基本概况、高炉喷吹用煤及其性能、高炉喷煤过程中微量元素 Cl 的行为、煤粉的输送性能等研究内容和成果，具有一定的基础性、实用性和先进性。

全书共分为 7 章。第 1 章主要介绍了高炉喷煤技术的发展，重点介绍了高炉喷煤的发展及意义、高炉喷煤的工艺构成及流程、高炉喷煤的关键技术措施及喷吹用煤的资源供应。第 2 章介绍了高炉喷吹用煤及其性能，主要包括煤的分类及性能检测方法，尤其是与高炉喷煤密切相关的煤的冶金性能的评价标准与方法。第 3 章是煤中氯元素在高炉中的行为，介绍了煤中氯元素的含量及测定方法、煤中氯元素对高炉的危害特征、氯元素对煤粉在风口前燃烧过程的影响。第 4 章介绍了氯元素在煤粉燃烧过程中赋存状态的变化，尤其是氯元素的燃烧转化和分异规律。第 5 章介绍了高炉煤气中 HCl 的脱除，包括高炉煤气中 HCl 生产和脱除的热力学计算，以及 HCl 脱除的实验研究。第 6 章则是煤粉在流化喷吹罐内流态化过程的研究成果，对比了理论临界流态化速度和实际临界流态化速度，总结了煤粉的流态化的三个阶段。第 7 章系统论述了煤粉的输送性能，提出了煤粉输送性能的表征方法，分析了各种工艺条件对煤粉输送性能的影响规律，介绍了作者在煤粉输送性能方面的研究成果。

本书部分研究成果得到了国家自然科学基金（项目编号：51274080）的支持，在此表示感谢。同时，研究生胡桂渊、张波、谢春帅在本书编写和校对过程中给予了许多帮助，在此感谢他们的辛勤劳动和付出。

由于作者水平所限，书中疏漏和错误在所难免，敬请读者批评、指正。

作 者
2016 年 2 月

目　　录

1 高炉喷煤技术概况

1.1 高炉喷煤技术的发展

高炉喷吹辅助燃料是现代高炉炼铁生产广泛采用的新技术，同时它还是现代高炉炉况调节所不可缺少的重要手段之一。喷吹的燃料可以是重油、煤粉、粒煤或天然气，其中，喷吹煤粉日益受到各个国家或地区的高度重视。这项技术在近几十年中取得了明显的进步，而且在相关的炼铁新工艺中，也不断得到了推广和应用。

高炉喷吹煤粉是从高炉风口向炉内直接喷吹磨细了的无烟煤粉或烟煤粉或两者的混合煤粉，以替代焦炭起提供热量和还原剂的作用，从而降低焦比和生铁成本，它是现代高炉冶炼的一项重大技术革命。追求经济效益、降低生铁成本，是高炉喷煤技术发展的另一个重要原因。由于焦炭和煤粉的差价越来越大，因此，喷煤所取代的焦炭越多，经济效益就越好。喷吹煤粉也是高炉技术进步的合理选择，而且应当将高风温、富氧鼓风和喷吹煤粉有机结合起来后，不仅节焦和增产两方面同时获益，而且这种有机结合也成为一种不可缺少的高炉下部调剂手段。

高炉喷煤技术始于 1840 年 S. M. Banks 关于喷吹焦炭和无烟煤的设想，但此后的一百多年时间里，在工业应用方面几乎没有实质性进展。20 世纪 60 年代初，美国、中国及前苏联的一些机构开始研发高炉风口喷粉的新工艺，我国鞍钢、首钢的高炉工作者也先后在高炉上进行了工业性试验。可以看出，我国的高炉喷吹煤粉技术起步较早，始于 20 世纪 50 ~ 60 年代之间，起点也比较高。只是由于众所周知的煤粉爆炸的原因，我国的高炉喷煤技术发展出现了一段停滞期。

高炉喷煤在得到工业性、大面积推广应用的半个世纪以来，随着国内钢铁产能的日益增大及高炉煤粉喷吹关键技术的不断进步和完善，市场需求逐渐扩大，特别是随着中国优质炼焦煤资源的日渐匮乏，高炉喷吹煤在钢铁冶炼工艺环节的地位日益提高，在节约钢铁行业冶炼成本等方面，正在扮演着越来越重要的角色。其实高炉喷吹煤作为冶金用途而问世的初衷即决定了这样的趋势：以煤粉部分替代冶金焦炭，使高炉炼铁焦比降低、生铁成本下降。调剂炉况热制度及稳定运行。喷吹的煤粉在高炉风口前气化燃烧降低理论燃烧温度，为维持较高的 $T_理$，需要进行温度补偿，这就为高炉使用高风和富氧鼓风创造了条件。喷吹煤粉替代部分焦炭，一方面可节约焦化投资，少建焦炉，减少焦化引起的空气污染；另一方面可大大缓解炼焦煤供求紧张的状况[1]。

1.2 高炉喷煤的意义

高炉喷吹煤粉是炼铁系统结构优化的中心环节，是国内外高炉炼铁技术发展的大趋势，也是我国钢铁工业发展的重要技术之一。高炉喷煤对现代高炉炼铁技术来说是具有革命性的重大措施，它是高炉炼铁能否与其他炼铁方法竞争，继续生存和发展的关键技术，其意义具体表现为：

（1）以价格低廉的煤粉部分替代价格昂贵而日趋匮乏的冶金焦炭，使高炉炼铁焦比降低，生铁成本下降。

（2）喷煤是调剂炉况热制度的有效手段。

（3）喷煤可改善高炉炉缸工作状态，使高炉稳定顺行。

（4）喷吹的煤粉在风口前气化燃烧会降低理论燃烧温度，为维持高炉冶炼所必需的动力，需要进行温度补偿，这就为高炉使用高风温和富氧鼓风创造了条件。

（5）喷吹煤粉气化过程中放出比焦炭多的氢气，提高了煤气的还原能力和穿透扩散能力，有利于矿石还原和高炉操作指标的改善。

（6）喷吹煤粉替代部分冶金焦炭，既缓和了焦煤的需求，也减少了炼焦设施，可节约基建投资，尤其是部分运转时间已达 30 年需要大修的焦炉，由于以煤粉替代焦炭而减少焦炭需求量，需大修的焦炉可停产而废弃。

（7）喷煤粉代替焦炭，减少高炉炼铁对焦炭的需求，从而减少焦炉座数和生产的焦炭量，进而可以降低炼焦生产对环境的污染。同时，也可以缓解我国主焦煤的短缺，优化炼铁系统用能结构，炼焦配煤一般需要配 50% 以上的主焦煤，以满足高炉炼铁对焦炭质量方面的要求。喷吹煤粉的煤种广泛，可以不使用主焦煤，这既缓解了我国主焦煤的短缺，也降低了炼铁系统的购煤成本。

1.3　高炉喷煤的工艺构成

一个完整的高炉喷煤工艺流程应包括原煤储运系统、制粉系统、煤粉输送系统、喷吹系统、供气系统和煤粉计量系统，最新设计的高炉喷煤系统还包括整个喷煤系统的计算机控制系统。

（1）原煤储运系统。为保证高炉喷煤作业的连续性和有效性，在喷煤工艺系统中，首先要考虑的是建立合适的原煤储运系统，该系统应包括综合煤场、煤棚、储运方式。为控制原煤粒度和除去原煤中的杂物，在原煤储运过程中还必须设置筛分破碎装置和除铁器。筛分破碎既可以控制磨煤机入口的原煤粒度，又可以去除某些纤维状物质。而除铁器则主要用于清除煤中的磁性金属杂物。

（2）制粉系统。煤粉制备是指在许可的经济条件下，通过磨煤机将原煤加工成粒度和含水量均符合高炉喷吹需要的煤粉。制粉系统主要由给料、干燥与研磨、收粉与除尘几部分组成。在烟煤制粉中，还必须设置相应的惰化防爆抑爆及监测控制装置。

（3）煤粉输送系统。煤粉的输送有两种方式可供选择，即采用煤粉罐装专用卡车或采用管道气力输送，而气力输送连续性好、能力大且密封性好，是高炉喷煤中最普遍采用的煤粉输送方式。依据粉气比 μ 的不同，管道气力输送又分为浓相输送（$\mu > 40\,kg/kg$）和稀相输送（$\mu = 10 \sim 30\,kg/kg$）。国内广泛采用的是稀相输送。浓相输送不仅可以降低喷煤设备费用和能量消耗，而且有利于改善管道内气固相的均匀分布，有利于提高煤粉的计量精确度，是煤粉输送技术的发展方向。

（4）喷吹系统。喷吹系统由不同形式的喷吹罐组和相应的钟阀、流化装置等组成。煤粉喷吹通常是在喷吹罐组内充以压缩空气，再自混合器引入二次压缩空气将煤粉经管道和喷枪喷入高炉风口。其中，喷吹罐组可以采用并列式布置，装煤与喷煤交替进行；也可以采用重叠式布置，底罐只作喷吹罐，装煤则通过上罐及其均排压装置来完成。

（5）供气系统。供气系统是高炉喷煤工艺系统中不可缺少的组成部分，主要涉及压缩空气、氮气、氧气和少量的蒸汽。压缩空气主要用于煤的输送和喷吹，同时也为一些气动设备提供动力。氮气和蒸汽主要用于维持系统的安全正常运行，如烟煤制粉和喷吹时采用氮气和蒸汽惰化、灭火等，系统防潮采用蒸汽保温等。而氧气则用于富氧鼓风或氧煤喷吹。

（6）煤粉计量系统。煤粉计量结果既决定着喷煤操作及设备配置的形式，同时又受喷吹工艺条件的影响。它是高炉操作人员掌握和了解喷煤效果，并根据炉况变化实施调节的重要依据。煤粉计量水平的高低，直接反映了高炉喷煤技术的发展水平。煤粉计量主要有两类，即喷吹罐计量和单支管计量。喷吹罐计量，尤其是重叠罐的计量，是高炉实现喷煤自动化的前提；而单支管计量技术则是实现风口均匀喷吹或根据炉况变化实施自动调节的主要保证。实现煤粉计量的连续化和提高煤粉计量的准确性是煤粉计量技术的发展方向。

（7）计算机控制系统。随着喷煤量的增加，喷煤系统的设备启动频率增高，操作间隙时间减少，喷吹操作周期缩短，手动操作已不能适应生产要求，尤其是当高炉喷吹烟煤或采用多煤种配煤混合喷吹时，高炉喷煤系统广泛采用了计算机控制和自动化操作。根据实际生产条件，控制系统可以将制粉与喷吹分开，形成两个相对独立的控制站，再经高炉中央控制中心用计算机加以分类控制；也可以将制粉和喷吹设计为一个操作控制站，集中在高炉中央控制中心，与高炉采用同一方式控制。

1.4 高炉喷煤的基本流程

根据制粉装置到高炉距离的远近、煤粉仓和喷吹罐安放位置的差异、喷吹管路的粗细、喷吹压力的高低、输送浓度的大小以及喷枪形式的不同，高炉喷煤可以分为直接喷吹、间接喷吹；串罐喷吹、并罐喷吹；总管喷吹、多支管喷吹；高压喷吹、常压喷吹；浓相喷吹、稀相喷吹和氧煤枪喷吹、常规枪喷吹等各种形式的喷吹[2]。目前比较成熟的生产流程有以下几种。

（1）德国 KüTTNER 流程。煤粉罐、中间包、喷吹罐三罐串接→流化小罐→喷吹支管→喷枪；支管上装有流量计和二次风入口，安装位置前者靠近喷吹罐出口，后者靠近高炉。近年来，KüTTNER 公司又推出了一种新流程：煤粉仓→并列喷吹罐→流化小罐→总管→分配器→支管→氧煤喷枪，并得到了更多的推广。新流程为双罐、双总管和双分配器形式，仍然使用氮气加压、流化，采用浓相输送。

（2）美国阿姆科（ARMCO）流程。煤粉仓→并列喷吹罐→总管→分配器→支管→常规喷枪。与新 KüTTNER 流程不同的是 ARMCO 流程使用 3 个喷吹罐，一根总管、一个分配器；总管既变径，局部还要变形，为确保足够的分配精度，分配器必须置于高炉炉顶，所有支管也必须等径、等长、等形状。加压、流化使用氮气，因为是稀相输送，所以还需添加压缩空气。

（3）日本住友流程。煤粉仓→并列喷吹罐→旋转给料器→喷吹小罐→总管→第一分配器→第二分配器→支管→喷枪。住友流程总管上装有压差式流量计与旋转给料器共同调节喷煤总量，控制和设备组成均较复杂。

（4）日本川崎流程。煤粉罐、中间包、喷吹罐三罐串接→多支管→喷枪；喷吹罐上出料，底部设有搅拌器并在支管出口处接入二次风（压缩空气）稀释。

（5）卢森堡 Paul Wurth（PW 公司）流程。历史上 PW 公司与 KüTTNER 公司曾有过一段较长时间的合作，因此无论新流程还是老流程，两家的差异都不大，基本上大同小异，仅在个别设备的选用上有出入。如老流程中 PW 用旋转给料器代替了 KüTTNER 的流化小罐；新流程中用声呐管代替了阻损管、用流化喷嘴代替了流化罐、增设泄压气回收装置等。

（6）混合型流程。煤粉罐、中间包、喷吹罐三罐串接→总管→分配器→支管→喷枪；这是在上述多支管流程基础之上的一种改良流程，也可以称作混合流程。

（7）英钢联粒煤喷吹流程。煤粉仓、中间包、喷煤泵三罐串接→总管→分配器→支管→喷枪；主要特点是用喷煤泵代替了传统的喷吹罐，中间包与喷煤泵之间使用圆顶阀连接，同样条件下，喷煤泵工作压力通常小于传统喷吹罐工作压力，喷煤泵出口设有由变频电机驱动的旋转给料阀。

1.5　高炉大喷煤的技术措施

从风口喷吹的粉煤替代了从炉顶装入的焦炭，会使炉顶温度升高。另外，矿/焦的增加会使炉上部的压力损失增大，软融带的透气性变差，还有未燃粉煤和焦粉在风口回旋区的堆积会导致炉芯的钝化等，由此会使整个高炉的透气性变差。再者，由于煤气流向炉周围会造成炉体放热和散热的增加，使还原剂比增大。炉缸被污染后会使出铁和出渣变得不稳定，高炉操作也变得不稳定。

当煤比为 200kg/tFe 左右时，由于高煤比条件下高炉煤气发生量和矿焦比发生变化，因而高炉操作条件发生变化。为在高利用系数和低还原剂比操作下进行大量喷煤操作，需要进一步提高高炉原燃料质量和高炉操作水平[3]。

（1）提高焦炭的质量。高煤比时焦炭的热强度是非常重要的指标。大喷煤时，软融带透气焦窗随焦比的减小而变窄，焦炭的料柱骨架作用进一步加强；另一方面，由于煤粉代替部分焦炭在风口燃烧，使死料柱中的焦炭在高炉内停留时间延长而易粉化。因此，要求进一步提高焦炭的质量。宝钢高炉在 200kg/t 大喷煤期间，要求焦炭的反应性 $CRI < 25\%$；实际为 24%，反应后强度 $CSR > 67\%$，实际达到 69%；其入炉焦炭平均粒度保持在 25mm 以上。

（2）提高烧结矿质量减少高炉渣比。大喷煤时，矿/焦比升高，料柱焦层中炉渣积聚量增大，如不减少渣量，将会影响料柱的透气性；同时由于焦炭的粉化加剧和未燃煤粉及焦粉量的增加，在渣量较大时，炉缸死料柱的透液性也显著降低，对风口气体流向中心区的穿透和下部气流分布产生明显的不良影响，所以在大喷煤时应尽量减少渣量的产生，除了提高焦炭的质量外，还要提高烧结矿的品位和降低 SiO_2 含量。另外，烧结矿的强度也很重要，较高热态强度的烧结矿可减少其在高炉内粉化，可以提高高炉的透气性。

（3）提高操作水平。提高高炉操作水平，就是通过上下部调剂形成合理的煤气流分布，改善料柱和炉缸死料柱的透气性和透液性，从而提高高炉炉况的稳定性和对大喷煤的适应能力。上部调剂方面，随着煤比提高，各高炉都采用了发展中心气流和抑制边缘气流的布料措施。下部调剂包括活跃炉缸，控制适宜的风速和鼓风动能，保持一定的循环区长度，发展中心气流。

（4）采用高风温、适宜的富氧量等措施。高炉喷煤增加炉腹煤气量，使风口前火焰温度降低；富氧可以减少炉腹煤气量，提高火焰温度，提高煤粉在风口的燃烧率，高风温可以增加热补偿和提高燃烧率。

目前，现场的煤粉生产及高炉操作上的一些习惯性认识和操作，直接影响到高炉喷煤的科学生产，且给高炉喷煤效益乃至生铁成本带来不良影响，应从以下几方面加以改进[4]：

（1）建立并科学管理储煤料场。目前，诸多钢铁企业炼铁厂的煤粉制备车间，即使有储煤场也基本上是十分狭小且不规范，管理亦未受到重视；有的甚至直接用火车、汽车或皮带等将来煤送入制粉系统。这样，处理较大块度的原煤就需在制粉系统的源头增加破碎机，脱去原煤的过高水分就要增加烘干设备，冬季原煤冻块较多还要增加解冻设备。尽管添加这些设备是必要的，但由于其没有融入一合理的原煤料场的综合管理中，则在生产管理上总给人以"临时、仓促、滞后、繁杂、无序"的感觉，更谈不上制粉用原煤的科学管理了。其解决的办法是建立一科学和合理的储煤场，只有这样，才能保证制粉系统和高炉喷吹操作建立在科学的基础上，才能保证高炉的稳定顺行、稳产高产和降低生铁成本。

（2）建设并科学利用数据库。目前，高炉喷煤系统基本没有建立数据库。认真搞好原煤及成品煤粉相关数据库的建设，并科学地加以利用，无论是制粉系统还是高炉喷吹及高炉操作系统都将受益匪浅。建设并科学利用数据库，不但方便了生产和管理，且为喷吹用煤采购对每一种原煤的煤质及往日加工利用的效果和运输成本等情况做出客观的评价，为日后的采购和定价做出科学的决策。

（3）寻求最佳喷煤比。在长期的炼铁生产实践中，高炉操作者往往认为只要高炉未出现异常，且制粉和喷吹系统能力足够，高炉喷煤比越高越好。实际上，它是单纯追求高煤比和降低入炉焦比，而忽略了燃料比的降低，即只注重喷煤的经济效果而忽略了喷煤的节能效果。高炉生产的一切活动都须服从一个目标，那就是追求高产、低耗和低成本。高的喷煤量若保证不了高的置换比，也就不可能在喷煤节能这一环节上使其在生铁成本中的份额降低。所以，应根据炉况的具体情况，提高操作水平，寻求适合不同炉况的最佳喷煤比。

1.6 高炉喷吹用煤的资源供应

在最初的高炉喷煤时，全部采用无烟煤做喷吹燃料，因为喷吹替代焦炭主要用到的是煤炭中的固定碳元素，100%采用无烟煤喷吹正好迎合了这样的需求和想法。后来，由于无烟煤供给的有限性及其原煤储量不断减少，市场价格也逐渐攀升，采用更廉价、蕴藏更丰富的长焰煤与无烟煤混合喷吹成为钢铁企业进一步降低冶炼成本的追求目标。经过许多研究和试验，在混合煤炭磨粉及喷吹过程中采用氮气惰化技术，从而为系统增加安全性、防止煤粉爆炸，是取得混合喷吹的关键技术。氮气保护系统的试验成功使烟煤作为喷吹燃料进入实质阶段。根据各厂系统运转的不同状况，北方多数钢厂已经将烟煤混合的比例提高到30% ~ 50%之间，而且烟煤喷吹的加入可以活化高炉还原气氛，为高炉还原铁提供更多的氢元素。再后来，由于无烟煤资源的再度紧缺，贫瘦洗精煤也逐渐走入市场，南方武钢、马钢等将三种煤的混合比例一度稳定在1:1:1，且取得了较好的经济效应。可以预见，未来作为节约成本的关键技术，采用三种煤炭资源混合喷吹是发展方向。

高炉喷吹煤煤比呈现逐年上升的趋势，并且逐渐成为钢铁企业不可缺少的炉料之一。钢铁业经过最近几年的快速扩张，国内炼焦煤资源及冶金焦的供给正在成为"瓶颈"因素。不像前些年，高炉喷吹煤资源不足，可以多用焦炭、少喷煤，而现在变得可调整的空间和余地越来越小。按照钢铁工业协会最近几年的统计数据，国内重点大中型钢铁企业平均喷煤比 2005 年为 114kg/t Fe，2006 年达到 126kg/t Fe，2007 年可达 130kg/t Fe 以上，同时，入炉焦比呈逐年下降的趋势。

1.6.1　高炉喷煤的技术经济效应

高炉喷吹煤在生铁冶炼环节的主要作用是部分替代冶金焦，降低焦炭消耗量。另外可提高高炉风，加大冶炼强度，提高生铁产量水平。对高炉喷吹煤市场的分析应主要聚焦于对焦炭与高炉喷吹煤相互替代经济效应的判断。以北方市场各种原料煤及焦炭的采购价格为依据，粗略推算一下喷吹 1t 煤粉可节约冶炼成本的幅度：计算基础取烟煤与无烟煤的混合比例考虑的上限 7:3，则 1t 煤粉的混合采购成本 750 元/t，再考虑 15% 的管道泄漏煤粉损失，综合采购成本 860 元/t，继续考虑喷吹煤置换焦炭的比例 80%，同时考虑喷煤磨粉车间的人工及电力成本（150 元/t），把喷吹煤成本换算至与焦炭可比，则最终喷吹煤与焦炭可比价格为：（860 + 150）/80% = 1260 元/t。最终喷 1t 煤粉置换冶金焦的经济效益可达 2150 - 1260 = 890 元/t。与 2006 年期间相对稳定的喷吹煤与冶金焦的价格差 200 ~ 300 元/t 扩大了 700 元/t 之多。高炉喷吹煤与冶金焦之间相互替代的功效及价格差距大幅度扩大，为高炉喷吹煤市场稳定上行提供了有力支撑。

1.6.2　高炉喷吹用煤的供应特点

高炉喷吹用煤的供应特点如下：

（1）宏观经济形势及政治因素左右喷吹煤供给能力。与炼焦精煤一样，由于冶金煤的原煤经过洗选灰分降低后成为精煤，而筛下产品作为电力用煤，当电力用煤供应紧张时，煤炭企业根据国家号召多卖电力用煤，不得不少卖冶金用煤，从而使得冶金煤供应量减少。2009 年春节及过后一段时期南方多年罕见的暴雪灾害导致电力、电煤供求紧张，使得冶金煤市场供应量锐减就是一个例证。灾害期间山西焦煤集团曾将其精煤产量比例一度调低至 20%，使炼焦煤供应受到很大程度的影响，其他以电力用煤为主导的烟煤生产企业如同煤、神华等，冶金煤生产所受的影响就更加严重。

（2）高炉喷吹煤的供应也受到煤炭洗选企业主动缩减精煤产量，从而引起供应量变化以应对市场变动因素的影响。任何产品的供应应当都是取决于需求量，而高炉喷吹煤的需求量与入炉焦炭的质量及铁矿石品位等指标息息相关，当焦炭质量下降或铁矿品位不好时，焦炭作为高炉骨架的作用会减弱，进一步引发炉况不顺行及失稳等一系列不利于增大喷煤量的情况显现，从而导致喷煤比下降达不到计划数值，喷吹煤生产企业可以根据需求来及时改变供给，从而达到维护市场价格的目的。

（3）对于钢铁行业来说，因为炼焦煤和焦炭已经成为约束钢铁冶炼产能继续增长的瓶颈因素，要维持目前的生铁规模，只能在有限的或者是"不再增长"的炼焦煤资源供应环境下，以改善炼焦煤或焦炭质量为前提，想方设法提高高炉喷煤水平。由市场需求引导的喷吹煤供应量应当处于一定的增长区间。

1.6.3 高炉喷吹用煤的供应现状

国内生产高炉喷吹煤的企业，无烟煤主要以北方的阳泉煤业集团、神华宁煤集团、晋城矿业集团及南方的神火永城、焦作煤业集团等为主导；贫瘦喷吹煤以潞安环能、山西焦煤集团等为主导；烟煤以同煤集团、神华本部等为主。由于近年来喷吹煤洗选技术的逐渐普及，各高炉喷吹煤产地周边也新上了众多无法列入统计的洗选项目，如果以大的煤业集团与小洗选产量之间 8∶2 的比例经验来估摸，全国总体的高炉喷吹煤产能目前应当在4000 多万吨的水平。由于对实际的供应数量缺乏确切的统计，拿市场实际需求来反证：2007 年国内重点大中型钢铁企业高炉喷吹煤比平均 135kg/t Fe，2007 年国内重点大中型钢铁企业生铁产量为 3.52 亿吨（按列入钢铁协会统计口径的 70 家重点大中型钢铁企业生铁产量占全国 75% 份额计算），则国内高炉喷吹煤消耗量大致为 4500 万吨，需求略大于供给。

从喷吹煤的供应结构来看，贫瘦喷吹煤的产量占 1/3 弱，但由于无烟煤储量及其供应能力逐渐萎缩，贫瘦喷吹煤需求及供应将逐步上升并呈现逐年放大的趋势。这种供应结构在南方市场已经初步普及，北方市场目前从煤炭运输到达距离和无烟煤实际生产能力高于南方地区的现状来看，未来一定时期内仍将保持以无烟煤和烟煤混合喷吹为主以少量贫瘦煤喷吹作辅助的供应结构。

1.6.4 高炉喷吹用煤的未来需求

高炉喷吹煤的市场需求主要取决于钢铁产能的规模、增长动态及高炉喷吹煤煤比（单耗）增长趋势两方面的因素。

首先，钢铁行业的产量规模决定高炉喷吹煤的需求规模。早在 2007 年，国内高炉喷吹煤的市场需求在 4000 万吨以上，当时国内生铁产量为 4.69 亿吨。据中商产业研究院数据统计显示，2014 年的国内生铁产量已达到 7 亿吨以上，若按喷煤比 135kg/t Fe 计算，国内高炉喷吹煤的市场需求已经接近了 1 亿吨。促使国内钢铁产量继续增长的因素有固定资产投资继续高位增长、社会主义新农村建设及国家扩大房地产供应量增长的一系列政策因素。生铁产量的增长对高炉喷吹煤需求的刺激作用主要在于以下几点：

（1）国内大中型钢铁企业高炉大型化速度继续加快。高炉大型化在带来铁产量增长的同时，可有效降低焦炭消耗，为提高喷吹煤比创造了一定有利条件。

（2）从近几年冶金焦及炼焦配煤"瓶颈"制约对钢铁工业的影响，未来一定时期冶金焦市场将更加向紧深化发展。在这样的前提下，全国平均喷煤水平最起码要维持上年度的水平，才能保证高炉的正常生产运行。

（3）钢铁上游铁矿石、煤焦等产品价格持续上涨的局面，将在一定程度上对中小钢铁企业及落后钢铁产能产生成本"挤出"效应，加快落后淘汰步伐，通过市场力量提高钢铁行业集中度。大型钢铁企业市场占有加大的趋势将为高炉喷煤需求增长奠定良好基础。按照保守的估计，喷煤比的年递增幅度在 10kg/t Fe 左右，按 7 亿吨生铁的基数计算，对未来三年的高炉喷吹煤市场需求做粗略预测，喷吹煤需求年平均增长率为 7% 以上。

另外，从地域的需求不同层面来看，未来一段时期将呈现煤比增长率南低北高的趋势。由于区位因素的作用，南方地区钢厂进口铁矿原料的比例高于北方钢厂，因而铁矿的平均品位也高于北方，而且南方神火、永城等地无烟煤可磨性好于北方的太西煤和阳泉煤，为大煤比作业奠定了比较有利的基础。所以，将来全国范围的高炉喷吹煤市场将呈现南方基本饱和、稳定，而北方市场潜在需求继续扩大的趋势。随着国际能源的日益紧张，高炉喷吹煤市场将会呈膨胀式增长。

1.7　高炉喷煤关键技术

随着高炉喷煤量的不断增加，在高炉大喷煤条件下的关键技术应该关注以下几方面：

（1）保持炉缸热量充沛技术。高炉炼铁正常生产需要炉缸有充沛的热量，以保证铁矿石还原，渣铁流动性好、易分离，炉渣脱硫率高和透气性好。炉缸热量是用炉缸理论燃烧温度来表示的。炉缸热量充沛要求炉缸的温度和热量要高。理论燃烧温度在（2200 ± 50）℃视为合理值。煤粉喷进风口后需要吸收热量。首先是煤粉被加热，然后是挥发分燃烧和碳素燃烧。这样，每喷吹 10kg/t 无烟煤会使炉缸温度下降 15 ~ 20℃，10kg/t 烟煤会使炉缸温度下降 20 ~ 25℃。喷煤量大于 100kg/t 会使炉缸温度下降 150 ~ 250℃以上，高喷煤比会使炉缸温度下降幅度更大。为使炉缸温度保持在（2200 ± 50）℃的合理范围内，就需要采取保持炉缸温度的技术措施，具体办法是：1）提高热风温度，热风温度升高 100℃，可使炉缸理论燃烧温度升高 60℃，允许多喷 30 ~ 40kg/t 煤粉；2）进行富氧鼓风，富氧率提高 1%，炉缸理论燃烧温度升高 40 ~ 50℃，允许多喷煤粉 20 ~ 30kg/t；3）进行脱湿鼓风，鼓风湿度每降低 1g/m³，理论燃烧温度升高 6 ~ 7℃，允许多喷 3 ~ 4kg/t 煤粉。

（2）提高煤粉燃烧率技术。煤粉在风口前的燃烧包括可燃气体（煤粉受热分解而来的）分解燃烧和固态碳（煤粉分解后残留碳）表面燃烧。这些燃烧情况取决于温度、氧气含量和煤粉的比表面积和燃烧时间。宝钢测定高炉喷煤比分别为 170kg/t Fe、205kg/t Fe 和 203kg/t Fe 时，煤粉在风口回旋区的燃烧率分别为 84.9%、72.0% 和 70.5%。这说明还有近 30% 的煤粉没有在风口回旋区燃烧，离开风口回旋区以后进入高炉上部进行燃烧、气化及参与一些化学反应。高炉内未能燃烧的煤粉将会被高速的煤气流带出高炉，致使煤气除尘灰中的碳含量增多。所以，除尘灰中碳含量多少是煤粉燃烧率高低的重要标志。

提高煤粉燃烧率的技术措施：1）提高热风温度，喷煤比在 180 ~ 200kg/t Fe 时，需要有 1200℃以上的热风温度。2）进行富氧鼓风，既可提高炉缸温度，又提供了氧气助燃剂，喷煤比在 180 ~ 200kg/t Fe 时，需要富氧 3% 以上；在燃烧学理论上，要求要有 1.15 以上的空气过剩系数。3）提高煤粉的比表面积，要求煤粉粒度 -200 网目（ < 0.074mm）要大于 85%。采用烟煤和无烟煤混合喷煤时，烟煤中的挥发分遇高温时要分解，致使煤粉爆裂，增加煤粉比表面积。4）进行脱湿鼓风，可以产生提高炉缸温度和鼓风中氧气含量的效果，将鼓风温度控制在 6% 左右。5）提高炉顶煤气压力，减小煤气流速，延长煤粉在炉内燃烧的时间，降低煤气压力差。据测算，煤粉在炉缸的燃烧时间在 0.01 ~ 0.04s 内，其加热速度为 103 ~ 106K/s。

（3）提高料柱透气性技术。高炉正常操作要维持一个合理的煤气压差值，即热风压力减去炉顶压力的数值。一些高炉工作者采用炉料透气性指数来操作高炉。料柱透气性高低是由多方面因素所决定的，只有采取综合措施才能提高料柱的透气性。

1）提高高炉入炉矿含铁品位，减少渣量。高炉内煤气阻力最大的地方是软熔带，特别是铁矿石刚开始熔化时，还原成 FeO 和形成初渣，渣铁尚未分离，尚未滴落至炉缸。如果高炉入炉品位在60%以上，吨铁渣量小于300kg，煤气的阻力会大大缩小，也会减少炉渣液泛现象[5,6]。

2）提高焦炭质量，特别是焦炭的热性能，会大大提高料柱透气性。焦炭在高炉内的一个不可替代的作用就是骨架作用。特别是在高喷煤比条件下，焦比低，焦炭的骨架作用就更加重要了。可以说，焦炭的质量好坏决定了高炉的容积大小和喷煤比水平的高低。高喷煤比对焦炭质量的要求是：$M40 > 80\%$，$M10 < 7\%$，灰分小于12.5%，硫分小于0.65%，热强度$CSR > 60\%$，热反应性$CRI < 30\%$。对于2000m³以上容积的大高炉，喷煤比在160kg/t Fe以上时，要求焦炭质量要更好一些：$M40 \geqslant 85\%$，$M10 \leqslant 6.5\%$，灰分≤12.0%，硫分≤0.6%，$CSR \geqslant 65\%$，$CRI \leqslant 26\%$。同时要求焦炭中$K_2O + Na_2O$的含量要小于3.0kg/t。

3）炉料成分、性能稳定均匀。炉料成分稳定是指炼铁原料含铁及杂质和碱度波动范围小。工业发达国家要求烧结矿含铁波动范围是±0.05%，碱度波动0.03。我国炼铁企业要求是含铁品位TFe波动±0.5%，碱度波动±0.05。因为含铁品位和碱度的波动会造成软熔带透气性的巨大变化，高硅铁和高碱度渣熔化温度高，流动性差。

铁矿石的软化温度、软化温度区间、熔滴温度和熔滴温度区是衡量铁矿石冶金性能的重要指标，对于炼铁技术经济指标和炉料透气性有重大影响，所以要求炉料的冶金性能要稳定。

要求炉料粒度要均匀，就是减少炉料在炉内的填充作用。如果炉料粒度大小不均且混装，就会使炉料空间减少，如同4个苹果之间夹着乒乓球，造成空间减小。理想的炉料有0.44的空间比例，以利于煤气流的畅通。要求炉料中5~10mm粒度的含量要小于30%，一定不要超过35%，否则会对炉料的透气性产生重大影响。

入炉含铁原料（烧结矿、球团矿、块矿）的转鼓强度高、热稳定性好、还原性能好、性能稳定等为高炉顺行创造良好条件，提高烧结矿（碱度在1.8~2.0之间）的碱度，可以使烧结矿转鼓强度提高、冶金性能改善。链算机-回转窑生产的球团矿质量和工序能耗均比竖炉生产的球团好。入炉的块矿要求是含水分低、热爆裂性差、还原性能好、粒度偏小[7]。

4）优化高炉操作技术会有效地提高炉料透气性。大高炉采用大矿批，使焦炭料层厚度在0.5~0.6m之间，在变动焦炭负荷时，也不要轻易变动焦炭的料层厚度。使高炉内的焦炭起到透气窗的作用，对于保持和提高高炉炉料的透气性十分重要。

优化布料技术（料批、料线、布料方向等）和适宜的鼓风动能（调整风口径和风口长度），可以实现高炉内煤气流均匀分布，同时有增加炉料透气性的作用。合理的鼓风动能使炉缸活跃，布料合理可以实现煤粉在炉料中充分燃烧，减少未燃煤产生量。

稳定高炉的热制度、送风制度、装料制度、造渣制度会给高炉的高产、优质、低耗、长寿、高喷煤比带来有利条件。高炉生产需要稳定，稳定操作会创造出炼铁的高效益。减少人为因素，提高对高炉生产的现代化管理水平，会促进炼铁生产技术的发展。

（4）提高煤焦置换比技术。提高煤焦置换比的技术很广泛，上述3种技术中所涉及的各个措施也都是提高煤焦置换比的技术。下面主要从喷煤管理的角度来分析提高煤焦置换比的因素。

1）提高喷吹用煤的质量。因为喷吹煤粉的品种广泛，所以要求煤的质量应是好磨、含碳链高（要求煤粉的灰分含量一定要低于焦炭的灰分含量）、含硫低、流动性好等。煤粉中含有 $K_2O + Na_2O$ 总量要小于 3.0kg/t。因为 K、Na 在高炉内会造成结瘤和使焦炭易产生裂纹，致使焦炭强度下降。

2）煤粉喷吹要均匀，高炉所有风口均要喷煤，流量要实现均匀、稳定。高炉均匀喷吹煤粉，会使高炉每个风口的鼓风动能一致，并会使炉缸热量分配均匀，促使高炉生产顺行和喷煤量的提高，进而煤焦置换比得到提高。为保证各风口喷煤量均匀，建议将煤粉分配器高位安置，使各单只管路尽量长短相近，不让煤粉走捷径导致个别风口多喷的现象出现。

3）采用烟煤和无烟煤混喷有利于提高喷煤比和煤焦置换比。烟煤挥发分高，且含有一定水分，进入风口后会爆裂，促进分解燃烧和残碳燃烧，燃烧效率高。建议烟煤配比在30%左右，配比太高需要加强管路的安全措施以防止煤粉爆炸，并且烟煤配比过高，混合煤粉中碳含量会下降，也是造成了煤焦置换比降低的原因。

4）关于高炉喷煤比高低的衡量标准。因各炼铁企业生产条件的不同，高炉极限的高喷煤比数值是不同的。但是，对于喷煤极限值的认识是一致的，即在增加喷煤量的同时，高炉燃料比没有升高，这是个最佳喷煤值。验证的第二个方法就是：高炉煤气除尘灰中的碳含量没有升高，洗涤水中没有浮上一层如油一样的炭粉。

1.8　高炉喷吹粒煤技术

20 世纪 80 年代以来，英国、法国、美国的少数高炉采用了喷吹粒煤工艺。粒煤的平均粒度约 0.6mm，最大颗粒 2~3mm。1991 年 10 月，英国斯肯索帕厂维多利亚高炉喷吹粒煤的月平均喷煤量达到了 201kg/t Fe。此时的煤焦置换比仍然比较高（0.93~1.0），炉顶煤气中含尘量仍保持在 7kg/t Fe 左右（说明粒煤全部在炉内消化），高炉操作顺行。由于喷吹粒煤具有磨煤机投资低、电耗少以及制煤、喷吹安全性好的优点，加上喷煤量也能达到 200kg/t Fe，中国有些工厂也想采用喷吹粒煤工艺。

高炉是否采用粒煤工艺，首先应该考虑高炉的实际情况，可以与已经开始成功进行粒煤喷吹的高炉作一下对照，应该考虑以下几方面：

（1）英国斯肯索帕厂的原燃料条件本来就很好，为了将喷煤量提高到 200kg/t Fe，焦炭 M40 强度从原来的 82%~83% 提高到 86.7%，M10 = 5.7%（年平均），烧结矿 ISO 强度从 72% 提高到 76%。所以，选择粒煤喷吹工艺时，应考虑高炉本身的原燃料条件，是否能够达到同样的喷煤量。

（2）喷吹粒煤并不是什么煤种都一样，参照成功喷吹粒煤的经验，应选择含有较多结晶水的高挥发分烟煤或褐煤，因为这种粒煤具有较强的急热爆裂性，在风口前燃烧时会产生爆裂而进一步粉碎。根据德国亚琛工业大学的试验结果，即使使用了有较强爆裂性的煤种，粒煤在风口前的燃烧率也仅为烟煤粉的 70% 左右。如果选用普通烟煤或无烟煤，那么粒煤的燃烧率就会更低而达不到粉煤的喷煤量，在喷吹等同煤量时，进入炉内的未燃粒煤就会相应增多。选择粒煤喷吹工艺时，要充分考虑喷吹粒煤燃烧率低这一特点。

（3）维多利亚高炉喷吹 201kg/t Fe 粒煤时的风温为 1139℃，富氧率为 8.52%（相当于氧气量 100m^3/t Fe，标态），宝钢 3 号高炉 1998 年 5 月月平均喷吹混合煤粉 197kg/t Fe，风温 1199℃，富氧率仅为 2.2%（相当于氧气量 30m^3/t Fe，标态）。富氧量的多少是决定高炉喷煤经济效益的主要因素，因此选择粒煤喷吹工艺时，要考虑到电价和制氧成本的实际情况，计算以煤代焦降低铁水成本和富氧增加铁水成本两笔经济账，避免出现过多的富氧会使高炉喷煤变得得不偿失。

（4）在相同燃烧率的条件下，喷吹带有较多结晶水的粒煤在风口前的燃烧生成热量要比一般烟煤少（比无烟煤更少），为了满足高炉操作必需的最低理论燃烧温度，必然要有更多的热量补偿手段造富氧和风温。如要降低昂贵的富氧量，必须要有高风温（1% 富氧率，约相当于 75℃ 风温）。因此，喷吹粒煤与喷吹粉煤相比，要达到较高的喷煤量，在富氧率不高的条件下，就必须大幅度提高风温。

（5）国外喷吹粒煤一般都采用多支管间接喷吹工艺，每根支管的喷煤量都有调节手段，如果要改成总管加分配器直接喷吹工艺，由于粒煤的粒度较粗而且粒级差别比粉煤大，分配器的分配均匀度能否达到喷吹粉煤时的水平还有待于摸索。

总之，是否采用粒煤工艺要结合高炉本身及其他辅助设施的配套条件，最好对粒煤的燃烧机理以及高炉消化未燃粒煤的能力进行必要的研究和试验，同时要在经济上进行全面的计算比较，然后才能决定取舍。

参 考 文 献

[1] 温大威. 中国高炉喷煤史回顾 [J]. 宝钢技术, 2005 (1): 6~9.

[2] 温大威. 高炉喷煤技术现状及发展 [J]. 世界钢铁, 2003 (3): 1~3.

[3] 胡俊鸽, 厉英. 高炉喷煤技术的发展与趋势 [J]. 世界钢铁, 2006 (4): 43~47.

[4] 刘德军, 于淑娟, 王尤清, 等. 当前高炉喷煤存在的问题及解决途径 [J]. 中国冶金, 2007, 17 (2): 56~59.

[5] 张伟, 王丽丽, 邢宏伟, 等. 两种铁精粉在球团生产中的应用 [J]. 矿产综合利用, 2008 (4): 19~21.

[6] 宋春燕, 贵永亮, 胡宾生, 等. 唐钢球团焙烧配加司家营矿的试验研究 [J]. 矿产综合利用, 2010 (2): 6~9.

[7] 张伟, 王辉, 邢宏伟, 等. 烧结气化脱磷过程中磷的转化及物相分析 [J]. 钢铁钒钛, 2015, 36 (3): 78~82.

2 高炉喷吹用煤及其性能

2.1 煤的分类

　　1956年，联合国欧洲经济委员会（ECE）煤炭委员会在国际煤分类会议上提出了国际硬煤分类表，其分类方法是以挥发分为划分类别的指标，将硬煤（烟煤和无烟煤）分成10个级别；以黏结性指标（自由膨胀序数或罗加指数）将硬煤分成4个类别；又以结焦性指标（奥亚膨胀度或葛金焦型）将硬煤分成6个亚类型，每个煤种均以3位阿拉伯数字表示，将硬煤分为62个煤类。为便于贸易上的交往，又将62个煤类归为Ⅰ～Ⅶ共11个统计组。对于褐煤，1974年国际标准化组织（ISO）第27技术委员会（TC27）以ISO2950号标准颁布实施，该标准以水分和焦油产率为指标，将褐煤分为30个小类，每一小类用两位阿拉伯数字表示。但这两个分类方案并未在国际上得到全面推广。1985年2月，联合国欧洲经济委员会的国际煤分类会议上确定，以高位发热量小于 24×10^6 J/kg、镜质组平均随机反射率小于0.6%作为区分褐煤和硬煤的分界线。对中等煤化程度和高煤化程度的硬煤则选用镜质组随机反射率、自由膨胀序数、挥发分产率、惰性组含量、高位发热量和反射率分布特征等6个指标和8位阿拉伯数字编号，将所有硬煤进行编码分类。但因划分太细，不便于使用，难以推广。

　　我国煤炭资源与国内石油、天然气、水力等一次能源相比占有绝对的优势，约占全国一次能源的90%，煤炭探明储量有7000多亿吨，仅次于原苏联、美国，为世界第三大储煤国。若把埋藏深度在2000m以内的预测储量计算在内，我国煤炭总储量达5万亿吨之巨。

　　我国煤炭具有既广泛又集中的分布特点。所谓广泛，指分布面积而言，全国包括台湾在内的30个省、自治区、直辖市，除上海以外都有不同数量的煤炭资源，全国60%以上的县均产煤。所谓集中，是指数量的分布在地区之间极不平衡，北多南少，西多东少。尤其以南方和北方之间的差异最为显著。华北占有全国探明储量的2/3，而长江以南的8省只有2%的探明储量分布。我国主要煤田有山西、皖鲁苏、豫中豫西、内蒙古东部、鄂尔多斯南北、川滇黔、贺兰山、天山南北、沈阳周围、河北平原和黑龙江东部等。山西是探明储量最多的省份，达2000亿吨以上。

　　煤炭的分类方法很多，但由于标准不同，分类方法也有许多差别。

　　按照生成煤炭的原始物质，可以分成腐殖煤、腐泥煤和残留煤。腐殖煤是由高等植物经成煤作用形成的，地球上的大部分煤炭都属于这一类。腐泥煤是由海藻之类的低等植物的残骸生成的。残留煤是由不易被细菌分解的植物生成的，常残留有植物，像腊煤和一些烛煤等。按照煤炭外表形态，可以分为矿煤、煤煤、亮煤和暗煤。矿煤，很像木炭，黑色，有清晰的纤维构造，质地软弱，灰分高。煤煤，有光泽，外表上看不出纤维构造，灰分不高,炼焦性很好。亮煤,是一种半闪光性的煤炭,纤维构造不大明显,灰分较低。暗煤,无光泽,坚硬,有颗粒状构造,灰分较大,炼焦性较差。

按照煤炭的形成阶段和炭化程度,可分为泥炭、褐煤、烟煤和无烟煤。泥炭即泥煤,由于埋藏在地下只有 200 万年左右,是煤炭中最年轻的一种。泥炭和褐煤含有较多的水分,使用价值比较低。烟煤和无烟煤的含碳量比较高,使用价值也比较高。这种分类方法兼顾了煤的特征和品质,在工业应用上有一定意义。

我国煤炭资源的品种非常齐全,从低变值程度的褐煤到高变值程度的无烟煤都有储存。但各煤种数量相差很大,分布也不均衡。若把煤炭品种分为炼焦煤和非炼焦煤两大类。前者包括焦煤、肥煤、气煤和瘦煤;后者包括无烟煤、褐煤和烟煤中的贫煤、不黏结煤等。我国炼焦煤少,非炼焦煤多;气煤、不黏结煤、无烟煤、褐煤资源多,而肥煤、焦煤数量少。炼焦煤占我国煤探明储量的 35%,其中华北地区就拥有全国 60% 的炼焦资源。褐煤是 21 世纪我国计划要大量开采的能源资源,我国褐煤的 80% 储量在华北地区。

20 世纪 50 年代以来,中国煤产量和消耗量迅速增加,为了合理利用煤炭资源,1952~1953 年提出东北区和华北区两个炼焦煤分类方案。1956 年又制订了统一的中国煤(以炼焦煤为主)分类方案,以大致代表煤的变质程度的挥发分(%)和表征煤的结焦性的胶质层最大厚度 Y(mm)两个指标为参数,将中国煤分为 10 大类 24 小类。该方案于 1958 年经国家技术委员会向全国推荐试行,起了统一中国煤分类的作用。但这一分类方案在试行中,也发现存在一定缺陷。1989 年 10 月国家标准局发布了《中国煤炭分类国家标准》(GB 5751—1986),将中国煤分为 14 类。表 2-1 为中国煤炭分类简表。表中,V_{daf} 为干燥无灰基挥发分;G 为黏结指数;Y 为胶质层最大厚度(mm);b 为奥亚膨胀度(%);P_M 为煤样的透光率(%);$Q_{gr,maf}$ 为煤的恒湿无灰基高位发热量(MJ/kg)。

表 2-1　中国煤炭分类国家标准(GB 5751—1986)

类别	缩写	分类指标					
		$V_{daf}/\%$	G	Y/mm	$b/\%$	$P_M/\%$	$Q_{gr,maf}/MJ \cdot kg^{-1}$
无烟煤	WY	< 10					
贫煤	PM	10.0~20.0	< 5				
贫瘦煤	PS	10.0~20.0	5~20				
瘦煤	SM	10.0~20.0	20~65				
焦煤	JM	20.0~28.0	50~65	< 25.0	< 150		
		10.0~20.0	>65				
肥煤	FM	10.0~37.0	>85	>25			
1/3 焦煤	1/3JM	28.0~37.0	>65	< 25.0	< 220		
气肥煤	QF	>37.0	>85	>25.0	>220		
气煤	QM	28.0~37.0	50~65	< 25.0	< 220		
		>37.0	35~65				
1/2 中黏煤	1/2ZN	20.0~37.0	30~50				
弱黏煤	RN	20.0~37.0	5~30				
不黏煤	BN	20.0~37.0	< 5				

类别	缩写	分类指标					
		$V_{daf}/\%$	G	Y/mm	$b/\%$	$P_M/\%$	$Q_{gr,maf}/MJ \cdot kg^{-1}$
长焰煤	CY	>37.0	5 ~ 35			>50	
褐煤	HM	>37.0				<30	<24
		>37.0				30 ~ 50	

注：1. $G > 85$，再用 Y 值或 b 值来区分肥煤、气肥煤与其他煤类：当 $Y > 25.0mm$ 时，应划分为肥煤或气肥煤；当 Y < 25mm 时，则根据其 V_{daf} 的大小而划分为相应的其他煤类。按 b 值分类时，$V_{daf} < 28\%$，暂定 $b > 150\%$ 的为肥煤，$V_{daf} > 28\%$，暂定 $b > 220\%$ 的为肥煤或气肥煤，如按 b 值与 Y 值划分的类别有矛盾时，以 Y 值划分的为准。

2. $V_{daf} > 37\%$，$G < 5$ 的煤，再以透光率 P_M 来区分其为长焰煤或褐煤。

3. $V_{daf} > 37\%$，$P_M = 30\% \sim 50\%$ 的煤，再测 $Q_{gr,maf}$，如其值大于 24MJ/kg（5739cal/g），应划分为长焰煤。

　　根据表 2 - 1 所列中国煤炭分类，首先按煤的挥发分，将所有煤分为褐煤、烟煤和无烟煤；对于褐煤和无烟煤，再分别按其煤化程度和工业利用的特点分为 2 个和 3 个小类；烟煤部分按挥发分为 10% ~ 20%、20% ~ 28%、28% ~ 37% 和大于 37% 的四个阶段分为低、中、中高及高挥发分烟煤。关于烟煤黏结性，则按黏结指数 G 区分：0 ~ 5 为不黏结和微黏结煤；5 ~ 20 为弱黏结煤；20 ~ 50 为中等偏弱黏结煤；50 ~ 65 为中等偏强黏结煤；>65 则为强黏结煤。对于强黏结煤，又把其中胶质层最大厚度 $Y > 25mm$ 或奥亚膨胀度 b >150%（对于 $V_{daf} > 28\%$ 的烟煤，$b > 220\%$）的煤分为特强黏结煤。在煤类的命名上，考虑到新旧分类的延续性，仍保留气煤、肥煤、焦煤、瘦煤、贫煤、弱黏煤、不黏煤和长焰煤 8 个煤类。

　　在烟煤类中，对 $G > 85$ 的煤需再测定胶质层最大厚度 Y 值或奥亚膨胀度 b 值来区分肥煤、气肥煤与其他烟煤类的界限。

　　当 Y 值大于 25mm 时：如 $V_{daf} > 37\%$，则划分为气肥煤；如 $V_{daf} < 37\%$，则划分为肥煤。如 Y 值小于 25mm 时，则按其 V_{daf} 值的大小而划分为相应的其他煤类：如 $V_{daf} > 37\%$，则应划分为气煤类；如 $V_{daf} > 28\% \sim 37\%$，则应划分为 1/3 焦煤；如 $V_{daf} \leqslant 28\%$，则应划分为焦煤类。

　　这里需要指出的是，对 G 值大于 100 的煤，尤其是矿井或煤层若干样品的平均 G 值在 100 以上时，则一般可不测 Y 值而直接确定为肥煤或气肥煤类。

　　在我国的煤类分类国标中还规定，对 G 值大于 85 的烟煤，如果不测 Y 值，也可用奥亚膨胀度 b 值（%）来确定肥煤、气煤与其他煤类的界限，即对 $V_{daf} < 28\%$ 的煤，暂定 $b > 150\%$ 的为肥煤；对 $V_{daf} > 28\%$ 的煤，暂定 $b > 220\%$ 的为肥煤（当 $V_{daf} < 37\%$ 时）或气肥煤（当 $V_{daf} > 37\%$ 时）。当按 b 值划分的煤类与按 Y 值划分的煤类有矛盾时，则以 Y 值确定的煤类为准。因而在确定新分类的强黏结性煤的牌号时，可只测 Y 值而暂不测 b 值。

　　（1）褐煤。褐煤是泥炭经成岩作用形成的腐殖煤，煤化程度最低，呈褐色、黑褐色或黑色，一般暗淡或呈沥青光泽，不具黏结性。其物理、化学性质介于泥炭和烟煤之间。水分大、挥发分高、密度小，含有腐殖酸，氧含量常达 15% ~ 30%，在空气中易风化碎裂，发热量低。按透光率 P_M 大小将褐煤分为两小类，P_M 为 30% ~ 50% 的年老褐煤，$P_M \leqslant$ 30% 的为年轻褐煤。褐煤可作燃料或气化原料，也能作提取褐煤蜡和制造腐殖酸盐类的原料。含油率达到工业要求时可用于低温干馏，制取焦油及其他化工产品。表 2-2 为褐煤的分类。

表 2-2 褐煤的分类

类 别	符 号	分 类 指 标	
		$P_M/\%$	$Q_{gr,maf}/MJ \cdot kg^{-1}$
褐煤一号	HM1	0～30	
褐煤二号	HM2	30～50	<24

（2）长焰煤。长焰煤是高挥发分的微黏结或弱黏结性煤。在烟煤中变质程度最低，单独炼焦时生成焦炭呈长条状，强度很差，粉焦率高，主要作为动力燃料和气化原料。

（3）不黏煤。不黏煤是成煤初期的原始物质受强烈氧化作用，为低到中等变质程度煤。其特征是煤中含氧较高，挥发分中等，加热时没有黏结性，可做动力和民用燃料或气化原料。

（4）弱黏煤。弱黏煤是还原程度较弱的低到中等变质程度的煤。其挥发分中等，单独炼焦时能产生少量胶质体，焦炭为强度较小的小块焦，适用做动力燃料和气化原料。

（5）1/2 中黏煤。1/2 中黏煤是中等变质程度的弱黏结性煤。其挥发分中等，黏结性比弱黏煤稍好，其中有一部分煤在单独炼焦时能炼出一定强度的焦炭，可适量作为炼焦配煤原料，黏结性较差的一部分煤适宜做动力燃料和气化原料。

（6）气煤。气煤是变质程度介于 1/2 中黏煤与气肥煤之间。其主要特征是挥发分高，加热时具有中等黏结性，单独炼焦时焦炭细长易碎，焦炭强度优于长焰煤，低于焦煤、肥煤，主要作为炼焦配煤，也是制造干馏煤气的原料。

（7）气肥煤。气肥煤是高挥发分的特强黏结性煤。其性质介于气煤和肥煤之间，单独炼焦时能产生大量液体和气体产品。气肥煤适合于制造干馏煤气，也可作为炼焦配煤以增加化学产品。

（8）1/3 焦煤。1/3 焦煤是中高挥发分的强黏结性煤。其特性介于焦煤、肥煤和气煤之间，单独炼焦时能得到强度较好的焦炭。炼焦时其配入量可在较大范围内变化而获得强度高的焦炭，是炼焦配煤中的基础煤。

（9）肥煤。肥煤是中等及中高挥发分的特强黏结性煤。其变质程度中等，加热时能产生较多胶质体，单独炼焦时能产生熔融性良好、强度较高的焦炭，但出焦困难，且焦炭有较多横裂纹和蜂焦，故不适宜单独炼焦，是炼焦配煤中的重要煤种。

（10）焦煤。焦煤是中等变质程度烟煤。其挥发分中等或较低，结焦性好，是炼焦生产中的主要煤种，单独炼焦时可炼成块度大、熔融性好、裂纹少、强度高的焦炭，是优质炼焦原料。

（11）瘦煤。瘦煤是烟煤中变质程度较高的煤种。其挥发分较低，在炼焦时具有中等黏结性，单独炼焦时能得到块度大、裂块少、强度较好的焦炭，但其耐磨性较差，一般作为炼焦配煤使用。

（12）贫瘦煤。贫瘦煤是弱黏结性低挥发分煤。其单独炼焦时，黏结性比瘦煤差，因而焦炭粉焦很多，但作为炼焦配煤，能起到瘦化作用，也可作为动力和民用燃料。

（13）贫煤。贫煤是烟煤中变质程度最高的煤种，在美国煤炭分类中划分为半无烟煤。

贫煤挥发分低，一般无黏结性，因此不能结焦，其燃烧时火焰短，耐烧，主要做民用或动力燃料。

（14）无烟煤。无烟煤是变质程度最高的煤种。其挥发分低于10%，固定碳高于90%，燃烧时无烟，密度大、硬度高。按其挥发分和用途可分为3个小类。无烟煤是较好的民用燃料，也可以做动力燃料，又是合成氨和碳化学产品的重要原料。低灰、低硫无烟煤是制造碳素材料和活性炭的原料，变质程度较低的无烟煤还可以做高炉喷吹燃料，以代替部分焦炭。表2-3为无烟煤的分类。需要说明的是，在已确定无烟煤小类的生产矿、厂的日常工作中，可以只按V_{daf}分类；在地质勘探工作中，为新区确定小类或生产矿、厂和其他单位需要重新核定小类时，应同时测定V_{daf}和H_{daf}，按表2-3进行小类划分。如两种结果有矛盾，以按H_{daf}划分小类的结果为准。

表2-3　无烟煤的分类　　　　　　　　（%）

类　　别	符　　号	分　类　指　标	
		V_{daf}	H_{daf}
无烟煤一号	WY1	0～3.5	0～2.0
无烟煤二号	WY2	>3.5～6.5	>2.0～3.0
无烟煤三号	WY3	>6.5～10.0	>3.0

按中国的煤种分类，我国的煤炭储量中炼焦煤类占27.65%，非炼焦煤类占72.35%。前者包括气煤（占13.75%）、肥煤（占3.53%）、主焦煤（占5.81%）、瘦煤（占4.01%）、其他未分牌号的煤（占0.55%）；后者包括无烟煤（占10.93%）、贫煤（占5.55%）、弱黏煤（占1.74%）、不黏煤（占13.8%）、长焰煤（占12.52%）、褐煤（占12.76%）、天然焦（占0.19%）、未分牌号的煤（占13.80%）和牌号不清的煤（占1.06%）。

2.2　煤的元素组成

煤的元素组成主要是指煤中的碳、氢、氧、氮、硫5种元素，不包括磷、氯、砷等一些煤中伴生元素或微量元素。

（1）碳。碳是煤中最重要的组成元素，它是组成煤的有机高分子的最主要元素，是组成煤炭大分子的骨架，是煤在燃烧过程中产生热量的最主要元素之一。同时，煤中还存在着少量的无机碳，主要来自碳酸盐类矿物，如石灰石和方解石等。无论是煤化程度较低的褐煤，还是煤化程度较高的烟煤和无烟煤，它们所含碳元素的质量分数都是在各元素中占首位的，并且随煤化程度的增高，煤中碳元素的百分含量也不断增加。如我国京西某些无烟煤的碳含量高达97%。即使在泥煤中，碳含量也都超过了55%。

当煤经过洗选后，精煤的碳含量有的高于原煤，也有的低于原煤。当原煤碳酸盐含量较高而又没有测定时，则原煤的碳含量就比精煤高。反之，当原煤灰分较高而碳酸盐含量很少时，则精煤的碳含量就比原煤高。

（2）氢。氢元素是煤中第二个重要的组成元素，也是组成煤炭分子骨架和侧链不可缺少的重要元素。除有机氢之外，在煤的矿物质中也含有少量的无机氢，它主要存在于矿物质的结晶水中，如高岭土（$Al_2O_3 \cdot 2SiO_2 \cdot 2H_2O$）、石膏（$CaSO_4 \cdot 2H_2O$）等都含有结晶水。煤中的氢含量并不高，一般为 2% ~ 7%，但它的发热量高，约为碳的 3 倍，所以在判断燃料品质时，氢也是要考虑的。另外，氢含量随着煤化程度的增高，逐渐下降，越是年轻的煤，氢元素的含量就越高，无烟煤的氢含量低至 1% ~ 4%。

当煤经过洗选后，由于矿物质中常含有不同数量的结合水、结晶水，因此精煤的氢含量（H_{daf}）多低于原煤，且原煤的灰分越高，精煤的比原煤的低得就越多。但某些惰质组含量特别高的早、中侏罗世不黏煤和弱黏煤，由于原煤灰分普遍较低，因此经过洗选后的精煤，因其含氢量很低的惰质组的降低和含氢量较高的镜质组的富集而使氢含量比原煤的还高。此外，某些含壳质组较高的晚二叠世乐平煤系的煤，经过洗选后，由于惰质组的降低和含氢量最高的壳质组的富集，也使得精煤的 H_{daf} 比原煤的还高。

（3）氧。氧是煤中第三个重要的组成元素，它以有机和无机两种状态存在。有机氧主要存在于含氧官能团，如羧基（—COOH）、羟基（—OH）和甲氧基（—OCH$_3$）等中；无机氧主要存在于煤中的水分、硅酸盐、碳酸盐、硫酸盐和氧化物等物质中。氧元素在煤中的含量变化较大，其规律是煤化程度越低，氧含量越高。如泥煤中干燥无灰基氧含量高达 27% ~ 34%，褐煤中为 15% ~ 30%，烟煤中为 2% ~ 15%，无烟煤中为 1% ~ 3%。氧在煤的燃烧过程中不产生热量，且能与产生热量的氢化合生成水，使煤的发热量降低。在炼焦过程中，煤中氧含量增加，会导致煤的黏结性降低，甚至消失。由于氧是煤中反应能力最强的元素，因此氧含量对煤的热加工影响较大。

（4）氮。煤中氮元素含量较少，一般为 0.5% ~ 3%。氮在煤中的存在形式非常复杂，大体可分为有机氮和无机氮两种。用 XPS 分析发现，前者主要包括吡咯型氮、吡啶型氮和季氮三种，无机氮以 NH$_i$ 的形式存在于脂肪链中。由于不同煤种的成煤条件不同，氮在煤中的存在形式也不完全相同，即上述几种氮的存在形式在不同煤中的比例也不同。煤热解氧化时，不同存在形式的氮生成不同的氮氧化物的前驱物，其中存在着很复杂的反应机理。但是，也有另一种观点认为氮在煤中完全以有机状态存在的。煤中的氮在燃烧时一般不氧化，而呈游离状态进入废气中。当煤作为高温热加工原料进行加热时，煤中氮的一部分变成氮气、氨气、氰化氢及其他一些有机含氮化合物逸出，而这些化合物可回收制成氮肥（硫酸铵等）、硝酸等化学产品；其余部分则留在焦炭中，以某些结构复杂的氮化合物形态出现。氮的含量随煤化程度而变化的规律性不很明显。它主要来自成煤植物的蛋白质，以各种氨基酸及其衍生物形态存在的氮仅在泥煤和褐煤中有发现，在烟煤中已很少或几乎没有。所以，腐泥煤氮的含量高于腐植煤。

（5）硫。煤中硫分，按其存在的形态分为有机硫和无机硫两种。有的煤中还有少量的单质硫。

煤中的有机硫，符号记作 S$_o$，是以有机物的形态存在于煤中的硫，其结构复杂，大体有以下官能团：硫醇类（R—SH）、噻吩类（如噻吩、苯骈噻吩）、硫醌类（如对硫醌）、硫醚类（R—S—R′）、硫蒽类、二硫化物类等。有机硫主要来自于成煤植物和微生物的蛋白质中。硫分在 0.5% 以下的大多数煤，所含的硫主要是有机硫。有机硫均匀分布在有机质中，形成共生体，极难脱除，以致洗选后精煤的有机硫含量因有机质增加而升高。在内陆环境或滨海三角洲平原环境下形成的和在海陆相交替沉积的煤层或浅海相沉积的煤层，煤中的硫含量就比较高，且大部分为有机硫。如四川、广西等某些浅海相沉积的晚二叠世乐平煤系，则多以高有机硫为主，且其黄铁矿也多呈微细的浸染状而不易洗选脱除，因此，这种煤经洗选后，精煤硫分往往降低不多，甚至有不少比原煤的硫分还高。在矸石中，因有机质比例小而有机硫含量一般都很少。

煤中无机硫，是以无机物形态存在于煤中的硫。无机硫又分为硫化物硫、硫酸盐硫和元素硫。硫化物硫符号记作 S_p，绝大部分是以硫铁矿（包括黄铁矿、白铁矿，分子式均为 FeS_2，但结晶形态不同，黄铁矿呈正方晶体，白铁矿呈斜方晶体）和硫化物形式存在；少部分为白铁矿硫，两者是同质多晶体；还有少量的 ZnS、PbS 等。由于煤中绝大多数的硫化物硫都以硫铁矿（FeS_2）形式存在，还有少量的磁铁矿（Fe_3O_4）、闪锌矿（ZnS）、方铅矿（PbS）等，所以硫化物硫又称硫化铁硫、硫铁矿硫。当全硫大于 1% 时，主要是硫铁矿硫，其消除的难易程度与颗粒大小及分布状态有关。如硫铁矿硫以单独颗粒或团块状存在时可用洗选方法除去，这部分硫一半以上可以除去，且洗选后大多沉积在煤矸石中，也有一小部分沉积在煤中，在精煤中黄铁矿则很少，经过洗选后的精煤硫分普遍比原煤有大幅度降低。如果硫铁矿的粒度极小且均匀分布在煤中时（如呈微细的浸染状或星散状），就十分难选。硫酸盐硫符号记为 S_s，在煤中的含量一般不超过 0.1% ~ 0.2%，主要存在于石膏（$CaSO_4 \cdot 2H_2O$）中，也有少量的存在于硫酸亚铁（$FeSO_4 \cdot 7H_2O$，俗称绿矾）中。通常以硫酸盐含量的增高作为判断煤层受氧化的标志。如果煤层形成后没有受到氧化作用，新开采的煤实际上是不含硫酸盐的。煤中石膏矿物用洗选方法可以除去。硫酸亚铁水溶性较好，也易于水洗除去。

煤中硫分，按其在空气中能否燃烧又分为可燃硫和不可燃硫。有机硫、硫铁矿硫和单质硫都能在空气中燃烧，都是可燃硫。硫酸盐硫不能在空气中燃烧，是不可燃硫或固定硫。

煤燃烧后留在灰渣中的硫（以硫酸盐硫为主）或焦化后留在焦炭中的硫（以有机硫、硫化钙和硫化亚铁等为主），称为固体硫。煤燃烧逸出的硫或煤焦化随煤气和焦油析出的硫，称为挥发硫（以硫化氢和硫氧化碳（COS）等为主）。煤的固定硫和挥发硫不是不变的，而是随燃烧或焦化温度、升温速度和矿物质组分的性质和数量等而变化。

煤中各种形态的硫的总和称为煤的全硫，符号记作 S_t。煤的全硫通常包含煤的硫酸盐硫（S_s）、硫铁矿硫（S_p）和有机硫（S_o），即 $S_t = S_o + S_p + S_s$。如果煤中有单质硫，全硫中还应包含单质硫。

硫是煤中有害物质之一。煤作为燃料在燃烧时生成 SO_2 和 SO_3，不仅腐蚀设备，而且污染空气，甚至降酸雨，严重危及植物生长和人体健康。煤用于合成氨制半水煤气时，由于煤气中硫化氢等气体较多不易脱净，易毒化合成催化剂而影响生产。煤用于炼焦，煤中硫会进入焦炭，使钢铁变脆。钢铁中硫含量大于 0.07% 时就成了废品。为了减少钢铁中的硫，在高炉炼铁时加石灰石，这就降低了高炉的有效容积，而且还增加了排渣量。煤在储运中，煤中硫化铁等含量多时，会因氧化、升温而自燃。

我国煤田硫的含量不一。据统计，硫分低于 1% 的特低硫煤占探明储量的 43.5% 以上，大于 4% 的高硫煤仅为 2.28%。东北、华北等煤田硫含量较低，山东枣庄小槽煤、内蒙古乌大、山西汾西、陕西铜川等煤矿硫含量较高，贵州、四川等煤矿硫含量更高。四川有的煤矿硫含量高达 4% ~ 6% 以上，洗选后降到 2% 都困难。

脱去煤中的硫，是煤炭利用的一个重要课题。在这方面美国等西方国家对洁净煤的研究取得很大进展。他们首先是发展煤的洗选加工（原煤入洗比重 0% ~ 80% 以上，我国不足20%），通过洗选降低了煤中的灰分，除去煤中的无机硫（有机硫靠洗选是除不去的）；其次是在煤的燃烧中脱硫和烟道气中脱硫。

2.3 煤的显微组分分析

煤的显微组分分析主要是区别煤中各种显微组分并确定其百分含量。煤的显微组分分析是煤的成因类型、煤岩组成分类命名和煤相分析的基础。煤岩类型在煤层中无论垂向和横向都有变化，而薄片研究的代表性又受切片范围的限制。为了使煤的显微组分分析具有更好的代表性，一般使用缩分的混合煤样制成煤砖光片，用反射光研究进行组分分析。野外取样时，将煤层按煤的宏观类型分层刻槽取样，在实验室将煤样破碎缩分，最后留下体积为 1~1.5cm³、粒径小于 0.2mm 的煤粉，加入漆片或人工树脂充分混合，在铸模内加热，使漆片熔化或注入凝固剂，使树脂凝固，胶结成直径约2cm、厚1.5cm的煤砖，将其表面抛光后备用。

煤的显微组分定量统计，在反光显微镜下用机械台和计数器进行。一般在放大400倍的条件下鉴定计数，用50倍的物镜和8倍的目镜，以直线法按一定间隔移动标尺，统计每个落在目镜十字丝交叉点上的显微组分。一般每个煤砖光片统计500个有效点（十字丝交点落在漆片或树脂胶结物上时不计数）。计算煤的显微组分百分含量时，应先得出包括矿物质在内的各种有机和无机显微组分的百分含量；然后除去矿物质，以有机组分为100%，分别计算各种有机显微组分的百分含量。各种显微组分区分鉴定的详细程度，视研究目的而定。中国煤地质界一般在有机显微组分中，只区分出镜质组、半镜质组、丝质组和壳质组；在无机组分中区分出黏土矿物、菱铁矿和黄铁矿等。美国、加拿大和澳大利亚的煤岩工作者，不区分半镜质组，但却对各种不同类型的镜质体、半丝质体、壳质体和腐泥质体等分别进行统计定量。因为只有详细区分各种不同有机和无机显微组分，才能更好地进行煤成因和沉积环境的研究，从而进行煤质预测；如果仅区分出各种显微组分组，虽可满足煤岩类型定名的需要，却无法得到成煤植物结构和保存程度的数据，难以充分研究煤相类型和恢复成煤的沼泽环境。

值得注意的是壳质组的含量问题。壳质组含量较高的煤在干馏过程中能产生更多的焦油产率，煤的黏结性一般也较好。因此，详细统计壳质组的含量，对煤的综合评价很有意义。但壳质组在煤中所占比例一般不大，在白光下统计又容易被忽略，只有在荧光（蓝光）下才能更好地辨认。腐泥基质与黏土矿物也是在荧光下才能很好地区别。为了避免在统计过程中遗漏壳质组，又不用在操作时频繁改换光源，戴维斯于1987年在美国有机岩石学会的通讯录中，介绍了用白光和蓝光相结合煤显微组分分析的技术方法。首先，在白光下鉴定统计各种显微组分的百分含量，再在蓝光下统计壳质组各种组分的百分含量，然后用公式换算得出白光、蓝光相结合的最后结果，效果较好。在蓝光下统计各种壳质体含量时，其他各种有机和无机组分均当做无荧光组分对待。以孢子体为例，换算公式为：

$$E = 100E_a / (100 - MM)$$

式中　E——白光下（不含矿物质）孢子体的百分含量；

　　　E_a——荧光下（含矿物质）孢子体的百分含量；

　　　MM——矿物质的百分含量。

矿物质的百分含量可用数点法在白光下进行统计得出，即采用统计值；也可采用计算法由公式得出计算值。许多样品矿物质含量的经验值是 3.5。

煤的有机显微组分分为镜质组、惰性组和壳质组。

镜质组是煤中最常见、最重要的显微组分组。它是由植物的根、茎、叶在覆水的还原条件下，经过凝胶化作用而形成。镜质组可分为三种显微组分，即结构镜质体、无结构镜质体和碎屑镜质体。

惰性组又称丝质组，是煤中常见的显微组分组。它是由植物的根、茎、叶等组织在比较干燥的氧化条件下，经过丝炭化作用后在泥炭沼泽中沉积下来所形成；也可以由泥炭表面经炭化、氧化、腐败作用和真菌的腐蚀所造成。真菌菌类体在原来植物时就已是惰性组，惰性组还可以由镜质组和壳质组经煤化作用形成。惰性组在透射光下为黑色不透明，反射光下为亮白色至黄白色；碳含量最高、氢含量最低、氧含量中等；密度为 1.5，磨蚀硬度和显微硬度高；突起高，挥发分低，没有任何黏结性。

壳质组又称稳定组、类脂组。壳质组包括孢子体、角质体、木栓质体、树脂体、渗出沥青体、蜡质体、荧光质体、藻类体、碎屑壳质体、沥青质体和叶绿素体等。它们是由比较富氢的植物物质，如孢粉质、角质、木栓质、树脂、蜡、香胶、胶乳、脂肪和油所组成；此外，蛋白质、纤维素和其他碳水化合物的分解产物也可参与壳质组的形成。壳质组含有大量的脂肪族成分，其中脂肪 - 蜡可溶于有机溶剂，而木栓质 - 角质则不溶。壳质组组分的氢含量高，加热时能产出大量的焦油和气体，黏结性较差或没有。

2.4　煤的工业分析

煤的工业分析是指对煤的水分（M）、灰分（A）、挥发分（V）和固定碳（FC_d）4 个分析项目指标的测定。煤的工业分析是了解煤质特性的主要指标，也是评价煤质的基本依据。通常煤的水分、灰分、挥发分是直接测出的，而固定碳是用差减法计算出来的。广义上讲，煤的工业分析还包括煤的全硫分和发热量的测定，又称煤的全工业分析。根据分析结果，可以大致了解煤中有机质的含量及发热量的高低，从而初步判断煤的种类、加工利用效果及工业用途，根据工业分析数据还可计算煤的发热量和焦化产品的产率等。煤的工业分析主要用于煤的生产开采和商业部门及用煤的各类用户，如焦化厂、电厂、化工厂等。

2.4.1　煤中的水分

煤的水分是煤炭计价中的一个最基本指标。煤的水分直接影响煤的使用、运输和储存。煤的水分增加，煤中有用成分相对减少，且水分在燃烧时变成蒸汽要吸热，因而降低了煤的发热量。煤的水分增加，还增加了无效运输，并给卸车带来了困难；特别是冬季寒冷地区，经常发生冻车，影响卸车，影响生产，影响车皮周转，加剧了运输的紧张。

煤的水分也容易引起煤炭黏仓而减小煤仓容量，甚至发生堵仓事故。随着矿井开采深度的增加、采掘机械化的发展和井下安全生产的加强，以及喷露洒水、煤层注水、综合防尘等措施的实施，原煤水分呈增加的趋势。为此，煤矿除在开采设计上和开采过程中的采煤、掘进、通风和运输等各个环节上制定减少煤的水分的措施外，还应在煤的地面加工中采取措施减少煤的水分。

（1）煤中游离水和化合水。煤中水分按存在形态的不同分为两类，即游离水和化合水。游离水是以物理状态吸附在煤颗粒内部毛细管中和附着在煤颗粒表面的水分；化合水也称结晶水，是以化合的方式同煤中矿物质结合的水，如硫酸钙（$CaSO_4 \cdot 2H_2O$）和高岭土（$Al_2O_3 \cdot 2SiO_2 \cdot 2H_2O$）中的结晶水。游离水在 105 ~ 110℃ 的温度下经过 1 ~ 2h 可蒸发掉，而结晶水通常要在 200℃ 以上才能分解析出。

煤的工业分析中只测试游离水，不测试结晶水。

（2）煤的外在水分和内在水分。煤的游离水分又分为外在水分和内在水分。

外在水分是附着在煤颗粒表面的水分。外在水分很容易在常温下的干燥空气中蒸发，蒸发到煤颗粒表面的水蒸气压与空气的湿度平衡时就不再蒸发了。

内在水分是吸附在煤颗粒内部毛细孔中的水分。内在水分需在 100℃ 以上的温度经过一定时间才能蒸发。

当煤颗粒内部毛细孔内吸附的水分达到饱和状态时，这时煤的内在水分达到最高值，称为最高内在水分。最高内在水分与煤的孔隙度有关，而煤的孔隙度又与煤的煤化程度有关。所以，最高内在水分含量在相当程度上能表征煤的煤化程度，尤其能更好地区分低煤化度煤。年轻褐煤的最高内在水分多在25%以上，少数的如云南弥勒褐煤最高内在水分达31%。最高内在水分小于2%的烟煤几乎都是强黏性和高发热量的肥煤和主焦煤。无烟煤的最高内在水分比烟煤有所下降，因为无烟煤的孔隙度比烟煤大。

（3）煤的全水分。全水分是煤炭按灰分计价中的一个辅助指标。煤中全水分是指煤中全部的游离水分，即煤中外在水分和内在水分之和。必须指出的是，化验室里测试煤的全水分是煤的外在水分和内在水分，与上面讲的煤中不同结构状态下的外在水分和内在水分是完全不同的。化验室里所测的外在水分是指煤样在空气中并同空气湿度达到平衡时失去的水分（这时吸附在煤毛细孔中的内在水分也会相应失去一部分，其数量随当时空气湿度的降低和温度的升高而增大），这时残留在煤中的水分为内在水分。显然，化验室测试的外在水分和内在水分，除与煤中不同结构状态下的外在水分和内在水分有关外，还与测试时空气的湿度和温度有关。

2.4.2　煤的灰分

煤的灰分（Ash）是指煤完全燃烧后剩下的残渣。因为这个残渣是煤中可燃物完全燃烧，以及煤中矿物质（除水分外所有的无机质）在煤完全燃烧过程中经过一系列分解、化合反应后的产物，所以确切地讲，灰分应称为灰分产率。

（1）煤中矿物质。煤中矿物质分为内在矿物质和外在矿物质。

内在矿物质又分为原生矿物质和次生矿物质。原生矿物质是成煤植物本身所含的矿物质，其含量一般不超过1% ~ 2%；次生矿物质是成煤过程中泥炭沼泽液中的矿物质与成煤植物遗体混在一起成煤而留在煤中的。次生矿物质的含量一般也不高，但变化较大。内在矿物质所形成的灰分称为内在灰分，内在灰分只能用化学的方法才能将其从煤中分离出去。

外来矿物质是在采煤和运输过程中混入煤中的顶、底板和夹石层的矸石。外在矿物质形成的灰分称为外在灰分，外在灰分可用洗选的方法将其从煤中分离出去。

（2）煤中灰分。煤中灰分来源于矿物质。煤中矿物质燃烧后形成灰分，如黏土、石膏、碳酸盐、黄铁矿等矿物质在煤的燃烧中发生分解和化合，有一部分变成气体逸出，留下的残渣就是灰分。

（3）煤灰灰分对工业利用的影响。煤中灰分是煤炭计价指标之一。在灰分计价中，灰分是计价的基础指标；在发热量计加重，灰分是计价的辅助指标。

灰分是煤中的有害物质同样影响煤的使用、运输和储存。煤用作动力燃料时，灰分增加，煤中可燃物质含量相对减少。矿物质燃烧灰化时要吸收热量，大量排渣要带走热量，因而降低了煤的发热量，影响了锅炉操作（如易结渣、熄火），加剧了设备磨损，增加排渣量。煤用于炼焦时，灰分增加，焦炭灰分也随之增加，从而降低了高炉的利用系数。

2.4.3　煤的挥发分

煤的挥发分（volatile component），即煤在一定温度下隔绝空气加热，逸出物质（气体或液体）中减掉水分后的含量。剩下的残渣称为焦渣。因为挥发分不是煤中固有的，而是在特定温度下热解的产物，所以确切地说应称为挥发分产率。

煤的挥发分不仅是炼焦、气化要考虑的一个指标，也是动力用煤的一个重要指标，是动力煤按发热量计价的一个辅助指标。

挥发分是煤分类的重要指标。煤的挥发分反映了煤的变质程度，挥发分由大到小，煤的变质程度由小到大。如泥炭的挥发分高达 70%，褐煤的一般为 40% ~ 60%，烟煤的一般为 10% ~ 50%，高变质的无烟煤则小于 10%。煤的挥发分和煤岩组成有关，角质类的挥发分最高，镜煤、亮煤次之，丝炭最低。所以世界各国都以煤的挥发分作为煤分类的最重要的指标。

2.4.4　煤的固定碳

煤中去掉水分、灰分、挥发分，剩下的就是固定碳。煤的固定碳与挥发分一样，也是表征煤的变质程度的一个指标，随变质程度的增高而增高。所以一些国家以固定碳作为煤分类的一个指标。

固定碳是煤的发热量的重要来源，所以有的国家以固定碳作为煤发热量计算的主要参数。固定碳也是合成氨用煤的一个重要指标。

固定碳计算公式：

$$(FC)_{ad} = 100 - (M_{ad} + A_{ad} + V_{ad})$$

当煤样中碳酸盐 CO_2 含量为 2% ~ 12% 时：

$$(FC)_{ad} = 100 - (M_{ad} - A_{ad} + V_{ad}) - CO_{2,ad(煤)}$$

当煤样中碳酸盐 CO_2 含量大于 12% 时：

$$(FC)_{ad} = 100 - (M_{ad} + A_{ad} + V_{ad}) - (CO_{2,ad(煤)} - CO_{2,ad(焦渣)})$$

式中　$(FC)_{ad}$——分析煤样的固定碳，%；

M_{ad}——分析煤样的水分，%；

A_{ad}——分析煤样的灰分，%；

V_{ad}——分析煤样的挥发分，%；

$CO_{2,ad(煤)}$——分析煤样中碳酸盐 CO_2 含量，%；

$CO_{2,ad(焦渣)}$——焦渣中 CO_2 含量，%。

2.5 煤的发热量

煤的发热量又称为煤的热值，即单位质量的煤完全燃烧所发出的热量。煤的发热量是煤按热值计价的基础指标。煤作为动力燃料，主要是利用煤的发热量，发热量越高，其经济价值越大。同时发热量也是计算热平衡、热效率和煤耗的依据，以及锅炉设计的参数。

煤的发热量表征了煤的变质程度（煤化度），这里所说的煤的发热量，是指用 1.4 比重液分选后的浮煤的发热量（或灰分不超过 10% 的原煤的发热量）。成煤时代最晚、煤化程度最低的泥炭发热量最低，一般为 20.9 ~ 25.1MJ/kg；成煤早于泥炭的褐煤发热量增高到 25 ~ 31MJ/kg；烟煤发热量继续增高，到焦煤和瘦煤时，碳含量虽然增加了，但由于挥发分的减少，特别是其中氢含量比烟煤低得多，有的低于 1%，相当于烟煤的 1/6，所以发热量最高的煤还是烟煤中的某些煤种。

鉴于低煤化度煤的发热量随煤化度的变化较大，所以，一些国家常用煤的恒湿无灰基高位发热量作为区分低煤化度煤类别的指标。我国采用煤的恒湿无灰基高位发热量来划分褐煤和长焰煤。

2.5.1 发热量的单位

热量的表示单位主要有焦耳（J）、卡（cal）和英制热量单位 Btu。

焦耳是能量单位。1 焦耳（J）等于 1 牛顿（N）力在力的方向上通过 1 米（m）的位移所做的功。焦耳是国际标准化组织（ISO）所采用的热量单位，也是我国 1984 年颁布的，1986 年 7 月 1 日实施的法定计量热量的单位。煤的热量表示单位有 J/g、kJ/g、MJ/kg。

卡（cal）是我国建国后长期采用的一种热量单位。1cal 是指 1g 纯水从 19.5℃ 加热到 20.5℃ 时所吸收的热量。欧美一些国家多采用 15℃ cal，即 1g 纯水从 14.5℃ 加热到 15.5℃ 时所吸收的热量。

卡（cal）和焦耳（J）的换算关系是：

$$1cal(20℃\ cal) = 4.1816J$$

$$1cal(15℃\ cal) = 4.1855J$$

由此可以看出，15℃ cal 中，每卡所含热能比 20℃ cal 还高。

1956 年伦敦第五届蒸汽性质国际会议上通过的国际蒸汽表卡的温度比 15℃ cal 还低，其定义为：

$$1cal = 4.1868J$$

英、美等国家仍采用英制热量单位（Btu），其定义是：1 磅（b）纯水从 32℉ 加热到 212℉ 时，所需热量的 1/180。

焦耳和卡与 Btu 之间的换算关系是：

$$1Btu = 1055.79J(\approx 1.055 \times 10^3 J)$$

$$1J = 9471.58 \times 10^{-7} Btu$$

因为 1Btu = 1055.79J，1b = 453.6g，所以 20℃ cal/g 与 Btu/1b 的换算公式为：1Btu/1b = 1/1.8cal/g，1cal/g = 1.8Btu/1b。

由于 cal/g 的热值表示因 15℃ cal 或 20℃ cal 的不同而不同，所以国际贸易和科学交往中，尤其是采用进口苯甲酸（标明其 cal/g）作为热量计的热容量标定时，一定要了解是什么温度（℃）或条件下的热值（cal/g），否则将会对燃烧的热值产生系统偏高或偏低。

2.5.2　煤的各种发热量名称的含义

2.5.2.1　煤的弹筒发热量

煤的弹筒发热量（Q_b）是单位质量的煤样在热量计的弹筒内，在过量高压氧（25 ~ 35 个大气压）中燃烧后产生的热量（燃烧产物的最终温度规定为 25℃）。

由于煤样是在高压氧气的弹筒里燃烧的，因此发生了煤在空气中燃烧时不能进行的热化学反应。如煤中氮以及充氧气前弹筒内空气中的氮，在空气中燃烧时，一般呈气态氮逸出，而在弹筒中燃烧时却生成 N_2O_5 或 NO_2 等氮氧化合物。这些氮氧化合物溶于弹筒水中生成硝酸，这一化学反应是放热反应。另外，煤中可燃硫在空气中燃烧时生成 SO_2 气体逸出，而在弹筒中燃烧时却氧化成 SO_3，SO_3 溶于弹筒水中生成硫酸。SO_2、SO_3 以及 H_2SO_4 溶于水生成硫酸水化物都是放热反应。所以，煤的弹筒发热量要高于煤在空气中、工业锅炉中燃烧时实际产生的热量。为此，实际中要把弹筒发热量折算成符合煤在空气中燃烧的发热量。

2.5.2.2　煤的高位发热量（Q_{gr}）

煤的高位发热量，即煤在空气中大气压条件下燃烧后所产生的热量。实际上是由实验室中测得的煤的弹筒发热量减去硫酸和硝酸生成热后得到的热量。

应该指出的是，煤的弹筒发热量是在恒容（弹筒内煤样燃烧室容积不变）条件下测得的，所以又称为恒容弹筒发热量。由恒容弹筒发热量折算出来的高位发热量又称为恒容高位发热量。而煤在空气中燃烧的条件是恒压的（大气压不变），其高位发热量是恒压高位发热量。恒容高位发热量和恒压高位发热量两者之间是有差别的，一般恒容高位发热量比恒压高位发热量低 8.4 ~ 20.9J/g。

2.5.2.3　煤的低位发热量（Q_{net}）

煤的低位发热量，是指煤在空气中大气压条件下燃烧后产生的热量，扣除煤中水分（煤中有机质中的氢燃烧后生成的氧化水，以及煤中的游离水和化合水）的汽化热（蒸发热），剩下的实际可以使用的热量。

同样，实际上由恒容高位发热量算出的低位发热量，也称为恒容低位发热量，它与在空气中大气压条件下燃烧时的恒压低位热量之间也有较小的差别。

2.5.2.4　煤的恒湿无灰基高位发热量（Q_{maf}）

恒湿是指温度 30℃、相对湿度 96% 时，测得的煤样的水分（或称为最高内在水分）。煤的恒湿无灰基高位发热量实际中是不存在的，是指煤在恒湿条件下测得的恒容高位发热量，除去灰分影响后算出的发热量。恒湿无灰基高位发热量是低煤化度煤分类的一个指标。

2.5.3 煤的各种发热量的计算

2.5.3.1 煤的高位发热量计算

煤的高位发热量计算公式为：

$$Q_{gr,ad} = Q_{b,ad} - 95S_{b,ad} - aQ_{b,ad}$$

式中　$Q_{gr,ad}$——分析煤样的高位发热量，J/g；

　　　$Q_{b,ad}$——分析煤样的弹筒发热量，J/g；

　　　$S_{b,ad}$——由弹筒洗液测得的煤的硫含量，%；

　　　95——煤中每1%（0.01g）硫的校正值，J/g；

　　　a——硝酸校正系数。

2.5.3.2 煤的低位发热量的计算

煤的低位发热量计算公式为：

$$Q_{net,ad} = Q_{gr,ad} - 0.206H_{ad} - 0.023M_{ad}$$

式中　$Q_{net,ad}$——分析煤样的低位发热量，J/g；

　　　$Q_{gr,ad}$——分析煤样的高位发热量，J/g；

　　　H_{ad}——分析煤样氢含量，%；

　　　M_{ad}——分析煤样水分，%。

2.5.3.3 煤的各种基准发热量及其换算

煤的发热量有弹筒发热量、高位发热量和低位发热量，每一种发热量又有4种基准，所以煤的不同基准的各种发热量有12种表示方法，即弹筒发热量的4种表示方式为 $Q_{b,ad}$（分析基弹筒发热量）、$Q_{b,d}$（干燥基弹筒发热量）、$Q_{b,ar}$（收到基弹筒发热量）和 $Q_{b,daf}$（干燥无灰基弹筒发热量）；高位发热量的4种表示形式为 $Q_{gr,ad}$（分析基高位发热量）、$Q_{gr,d}$（干燥基高位发热量）、$Q_{gr,ar}$（收到基高位发热量）和 $Q_{gr,daf}$（干燥无灰基高位发热量）；低位发热量的4种表示形式为 $Q_{net,ad}$（分析基低位发热量）、$Q_{net,d}$（干燥低位发热量）、$Q_{net,ar}$（收到基低位发热量）和 $Q_{net,daf}$（干燥无灰基低位发热量）。

煤的各种基准的发热量间的换算公式和煤质分析中各基准的换算公式相似，如：

$$Q_{gr,ad} = Q_{gr,ad} \times (100 - M_{ar})/(100 - M_{ad})$$

$$Q_{gr,d} = Q_{gr,ad} \times 100/(100 - M_{ad})$$

$$Q_{gr,daf} = Q_{gr,ad} \times 100/(100 - M_{ad} - A_{ad} - CO_{2,d})$$

式中　$CO_{2,d}$——分析煤样中碳酸盐矿物质中 CO_2 的含量，%，当 $CO_2 \leqslant 2\%$ 时，此项可略去不计。

$$Q_{gr,maf} = Q_{gr,ad} \times (100 - M)/(100 - M_{ad} - A_{ad} - A_{ad} \times M/100)$$

式中　$Q_{gr,maf}$——恒湿无灰基高位发热量，J/g；

　　　M——恒湿条件下测得的水分含量，%。

2.6 煤的比表面积

煤的比表面积是指单位质量煤粉颗粒的表面积的总和，即该煤种在此粒度范围内的比表面积，单位是 mm^2/g。煤的比表面积是煤的重要性能指标，对研究煤的破碎、着火、燃烧等性能都具有重要的意义。

煤的比表面积的测定是用透气式比表面积测定仪来测定的, 其测定原理是根据气流通过一定厚度的煤粉层受到阻力而产生压力降来测定的。测定后的计算公式如下:

$$S = \frac{K}{\gamma} \sqrt{\frac{\eta^3}{(1-\eta)^2}} \sqrt{\frac{1}{\mu}} T$$

式中　K——仪器常数;

　　　γ——煤粉密度, g/mm^3;

　　　η——煤粉的空隙率, %;

　　　T——气压计中液面从扩大部分 B 下降到液面 C 所需的时间, 或液面 C 降到液面 D 所需的时间, s;

　　　μ——试验时的空气黏度, $Pa \cdot s$。

煤粉的比表面积通常测定两次, 将两次计算的平均值作为结果, 其相对误差不大于 ±2%。

2.7　煤的可磨性

煤的可磨性是指煤磨碎成粉的难易程度。煤的可磨性与其煤化度、水分含量和煤的岩相组成, 以及煤中矿物质的种类、数量和分布状态有关。它是确定煤粉碎过程的工艺和选择粉碎设备的重要依据。中国标准 (GB 2656—1987) 规定采用哈德格罗夫法 (哈氏可磨性试验) 测定煤的可磨性指数。该法操作简单、再现性好, 世界上许多国家加以采用, 并已列入国际标准 (ISO5074)。该法以美国某矿区易磨碎烟煤作为标准煤, 其可磨性指数定为 100, 以此来比较被测定煤的可磨性, 并求得相对可磨性指数。测定方法是, 把约 50g 规定粒级的空气干燥煤样放入哈氏研磨机中, 在一定荷重下研磨 3min (60r), 筛分, 称量 0.071mm 筛上煤样的质量。按下列公式计算该煤的哈氏可磨性指数:

$$KHG1 = 13 + 6.93(m - m_1)$$

式中　$KHG1$——哈氏可磨性指数;

　　　m——煤样的质量, g;

　　　m_1——研磨后 0.071mm 筛上煤样的质量, g。

可磨性指数越大, 表明该煤越容易粉碎。

由于本试验方法规范性强, 试验煤样和仪器设备是否标准, 都对测定结果有显著的影响。而试验设备又易于磨损, 且采用的计算方法容易出现误差, 因此, 各国标准都规定可以采用校准图法予以校正。校准图的绘制方法如下: 将哈氏可磨性指数分别为 40、60、80、110 的 4 个标准可磨性煤样按上述方法测得 0.071mm 筛下煤样质量 $(m - m_1)$。在直角坐标纸上, 以标准煤样的哈氏可磨性指数为横坐标, 0.071mm 筛下物质量为纵坐标, 作出哈氏校准图, 如图 2-1 所示。只要测得煤样的 $m - m_1$ 值, 就可从图上查得其哈氏可磨性指数。

Dryden 研究了煤的可磨性与固定碳含量之间的关系, 如图 2-2 所示。研究结果发现, 当煤中固定碳含量在 89% ~ 90% 时, 煤的可磨性达到最大值。然而, 需要说明的是, 在此固定碳范围内, 煤的强度和硬度都是最差的。

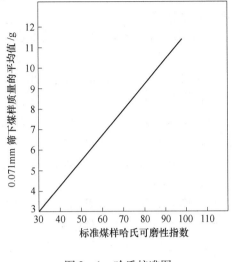

图 2 - 1　哈氏校准图

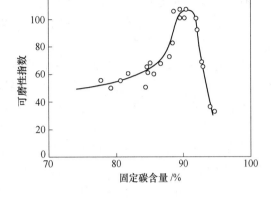

图 2 - 2　煤的可磨性与固定碳之间的关系

2.8　煤的燃点

　　煤的燃点（ignition temperature），也称煤的着火温度，是指在氧化剂（如空气、氧气）与煤共存的条件下，把煤加热到开始燃烧的温度，换句话说，就是煤释放出足够的挥发分与大气形成可燃混合物的最低着火温度。根据煤的燃点可以判断煤的氧化程度和发生自燃的倾向，并可作为地质勘探过程中确定煤层氧化带的指标。

　　测定煤的燃点的方法主要是气体氧化剂法和固体氧化剂法。气体氧化剂，如氧气或空气；固体氧化剂，如亚硝酸钠和硝酸银等。固体氧化剂比气体氧化剂的重现性好，一般采用较多的亚硝酸钠。使用 0.2mm 以下粒度的空气干燥煤样，干燥后与亚硝酸钠以 1：0.75 的质量比混合，以 4.5～5℃/min 的加热速度升温。煤爆燃产生的压力使燃点测定装置中的水柱在下降的瞬间出现明显的温度升高或体积变化，煤样爆燃时的瞬时温度即为煤的燃点。实验室测得的煤的着火温度是相对的，并不能真实反映日常生活或工业生产条件下的煤开始燃烧的温度，以及煤堆放过程中因氧化发热而自燃的温度。但它们之间有一定的对应关系，总的趋势是一致的。

　　影响煤的燃点的因素有：

　　（1）煤的燃点的高低与煤化程度有关。一般规律是煤化程度越低，煤的燃点越低；煤化程度越高，煤的燃点越高。即褐煤的燃点最低，其次是年轻的烟煤和年老的烟煤，无烟煤的燃点最高。表 2 - 4 列出了不同煤化程度煤的燃点范围。

表 2 - 4　不同煤化程度煤的燃点范围　　　　　　　　　　（℃）

煤种	褐煤	长焰煤	气煤	肥煤	焦煤	无烟煤
燃点	260～290	290～330	330～340	340～350	370～380	400 左右

　　（2）同一煤样的燃点高低与所用氧化剂的种类、煤样与氧化剂的质量、煤样的粒度与升温速度等因素有关。如升温速度越快，往往使测得的煤样燃点偏高。

（3）煤受到风化或氧化的作用后，燃点会明显降低。煤样如果用还原剂处理后，其燃点会增高。因此，可利用煤样的这一特性来判断煤的氧化程度。

（4）煤的燃点也与煤中的矿物质含量有关。一般矿物质含量越高的煤，燃点也就越高。但煤中含有黄铁矿，则可降低煤的燃点。

煤被空气中的氧气氧化是煤自燃的根本原因。所谓自燃是指煤中的碳、氧等元素在常温下与氧反应，生成可燃物 CO、CH_4 及其他物质，而煤的氧化反应又是放热反应，如果该热量不能及时散发，在煤堆或煤层中就会越积越多，使煤的温度升高。煤的温度升高又会反过来加速煤的氧化，放出更多的热量。当温度达到一定值时，这些可燃物质就会燃烧而引起自燃。煤的燃点越低，就越容易自燃。煤的自燃是造成煤粉制备、输送、喷吹过程中爆炸等事故的主要原因。因此，防止煤的自燃是十分重要的。

煤的氧化和自燃都会使煤的灰分升高，固定碳和发热值下降，降低煤的质量。为了防止煤的氧化和自燃应从以下几方面采取措施：（1）隔绝煤与空气或氧气的接触，如把煤堆放在水中。（2）用推土机将煤一层一层压实，尤其在堆边压实，铺盖一层黏土更好，其目的也是减少与空气的接触。（3）把煤堆放在背阳光的地方，可以降低氧化的速度。（4）尽量消除使用煤过程中的局部堆积，如设计时尽量减少能够造成积煤的死角；在制粉生产中，停机前应将系统中的煤粉吹扫干净。

2.9　煤的反应性

煤的反应性（reactivity of coal）又称煤的反应活性，是指在一定温度条件下煤与不同气化介质（如二氧化碳、水蒸气、氧气等）的反应程度。反应性的强弱直接影响到煤在炉中反应的情况、耗氧量、耗煤量及煤气中的有效成分等。反应性强的煤，在气化和燃烧过程中，反应速度快、效率高。在流化燃烧新技术中，煤的反应性强弱与其燃烧速度也有密切关系。因此，反应性是气化和燃烧的重要特性指标。

煤的反应性的表示方法很多，目前我国采用的是煤对二氧化碳的反应性，以被还原成 CO 的 CO_2 的量占参加反应的二氧化碳总量的百分数，即还原率来表示煤的反应性。将 300g 粒度为 3~6mm 的煤样在 900℃ 的温度下，经过 1h 的干馏处理后，选取粒度为 3~6mm 的煤粉颗粒作为测定反应性用的煤样（如果试样黏结，应将粒度大于 6mm 的黏块破碎至 6mm 以下）。将此试样装入反应管中，以 20~25℃/min 的升温速度升温，并在半小时左右的时间内将炉温升至 750℃（褐煤）或 800℃（烟煤或无烟煤），并保温 5min。温度稳定后，以一定的流速向反应管内通入二氧化碳，然后继续以 20~25℃/min 的升温速度升温，且每隔 50℃ 取反应系统中的气体分析一次，并记录结果，直到 1100℃ 为止。如有特殊要求，可延续至 1300℃。在高温下，二氧化碳还原率用如下公式计算：

$$\alpha = \frac{100 - a - \varphi(CO_2)}{(1-a)(1+\varphi(CO_2))} \times 100\%$$

式中　α——二氧化碳还原率,%；

　　　a——钢瓶二氧化碳中杂质气体的含量,%；

　$\varphi(CO_2)$——反应后气体中二氧化碳含量,%。

将 CO_2 还原率（α,%）与相应的测定温度绘成曲线，如图 2-3 所示。可见，煤的反应性随反应温度的升高而加强。各种煤的反应性随变质程度的加深而减弱，这是由于碳和

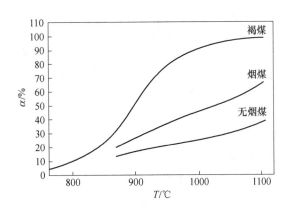

图2-3 不同煤的反应性曲线

CO_2 因此其反应性显著不同。褐煤的反应性最强，但在较高温度时，随温度升高其反应性显著增强。煤的灰分组成与数量对反应性也有明显的影响。碱金属和碱土金属的化合物能提高煤、焦的反应性，降低焦炭反应后的强度。

影响煤的反应性的因素：

（1）煤化程度。煤的反应性随着煤化程度的加深而降低。在同一反应温度下，褐煤的反应性最好、烟煤次之、无烟煤最弱。在1100℃条件下，褐煤对 CO_2 的还原率可达90%以上、烟煤在60%~80%之间、无烟煤多在50%以下。这是由于碳和 CO_2 的反应不仅在燃料的外表面进行，而且也在内部微细孔隙的毛细管壁上进行，孔隙率越高，反应表面积越大。不同煤化程度的煤及其干馏所得的残炭或焦炭的气孔率，化学结构是不同的。随着煤化程度的加深，煤中碳逐渐转变为石墨结构，反应性就随之变弱。

（2）煤中的矿物。一般来讲，煤中矿物的增加，会使煤焦中固定碳的含量降低，使反应性降低。但矿物中的 Ca、Sr、Ba 等碱土金属化合物及某些过渡元素（如 Fe）的化合物，会对二氧化碳和碳的反应有催化作用。因此，煤灰中的 CaO、Fe_2O_3 含量高的煤，其反应性也越强。

（3）温度。对同一煤种来讲，随着反应温度的升高，在一定温度范围内，煤的反应性也随之增强。这表明，煤在气化和燃烧过程中，有时可通过改变温度（保证煤灰不结渣）来弥补煤的反应性较差的缺陷。

2.10 煤的灰熔点

煤灰是各种矿物质组成的混合物，没有一个固定的熔点，只有一个熔化的范围。煤的灰熔点又称为煤灰熔融性，是在规定条件下得到的随加热温度而变的煤灰（试样）变形、软化和流动特征物理状态，是动力用煤和气化用煤的一个重要的质量指标，可以反映煤中矿物质在锅炉中的动态，根据它可以预计锅炉中的结渣和沾污作用。灰熔点与热量没有任何关系，它的高低与煤灰中钙、镁、铁的含量高低有关，根据锅炉的设计，有的灰熔点越高越好，有的灰熔点越低越好。

灰熔点与原料中灰分组成有关，灰分中三氧化二铝、二氧化硅含量高，灰熔点高；三氧化二铁、氧化钙和氧化镁含量越高，灰熔点越低。原料灰熔点是影响气化操作的主要因素。灰熔点低的原料，气化温度不能维持太高；否则，由于灰渣的熔融、结块，各处阻力不一，影响气流均匀分布，碳层易结疤发亮，而且由于熔融结块，还减少气化剂接触面积，不利于气化。因此，灰熔点低的原料煤，适用在较低温度下操作。

灰熔点测定仪是用于测定煤炭熔融特性的仪器。该仪器以硅碳管为发热元件，并配合可控硅调压器进行温度控制。该仪器略加改装后，可用来进行煤的二氧化碳活性测定和其他热处理。

对灰熔点测定仪的技术要求：

（1）高温恒温带长约 30mm（$\Delta t \leqslant$ ℃）；

（2）能比较准确地控制升温速度（900℃以前为 20℃/min，900℃以后为（5±1）℃/min）并在 3h 内加热到 1500℃；

（3）可用通气法或封碳法来控制炉内气氛为弱还原性，用空气于炉内自由流通的方法来控制为氧化性气氛；

（4）800℃以上，炉内试样即清晰可见。

灰熔点也可以利用计算公式进行预估，其计算公式如下：

$$灰熔点（软化温度）ST = 19(Al_2O_3) + 15(SiO_2 + Fe_2O_3) + 10(CaO + MgO) + 6(Fe_2O_3 + Na_2O + K_2O)$$

但更准确的方法还是实测，即将灰分制成三角锥形，置于高温炉内加热，并观察下列温度：

（1）开始变形温度 DT（deformation temperature）：锥顶尖端复圆或锥体开始倾斜。

（2）开始软化温度 ST（softening temperature）：锥尖变曲接触到锥托或锥体变成球形。

（3）开始熔融温度 FT（flow temperature）：看不到明显形状，平铺于锥托之上。

灰熔点的影响因素有以下几方面：

（1）成分因素。灰分中各种不同成分的物质含量及比例变化时，灰的熔点就不同，如灰中含二氧化硅和氧化铝越多，灰的熔点就越高。

（2）介质因素。与周边介质性质改变有关，如当灰分与一氧化碳、氢等还原性气体相遇时，其熔点会降低。

（3）浓度因素。当煤中含灰量不同时，熔点也会发生变化，一般灰越多、熔点越低，这是由于各物质之间有助熔作用。燃烧多灰的煤，因为灰中各成分在加热过程中相互接触频繁，则产生化合、分解、助熔等作用的机会就增多，所以灰浓度也是影响灰熔点的因素。

2.11 煤的结渣性

在气化或燃烧过程，煤中灰分在高温下会受热、软化、熔融而结渣，这会影响气化介质的均匀分布，给炉子的正常操作带来不同程度的影响。同时增加了灰渣中的碳含量，降低煤炭利用率。为防止炉内渣块的形成，往往要加大水蒸气的通入量，因而会降低炉内反应温度，降低煤气质量和气化效率。曾经用煤的灰熔融性能来判断煤的结渣性，但这种方法不太全面，不能完全反映煤在气化炉中的结渣情况，因为结渣性受着煤灰成分及煤灰含量双重因素的影响，煤的结渣性测定属于动态测定，比灰熔融性能更好地反映煤灰的成渣特性。因此，煤的结渣性适合用来评判煤在气化或燃烧过程中的结渣难易程度。

煤的结渣性用结渣率来表示，即试样在一定的鼓风强度下进行气化，其灰分因受高温影响而熔结成渣。其中，粒度大于 6mm 的渣块占灰渣总量的百分数称为该煤样在一定鼓风强度下的结渣率。结渣率高表示煤灰结成渣块比例大，对气化和燃烧不利。

测定煤的结渣性时，首先需要将煤样制成粒度为 3～6mm 的试样。量取 400cm³ 的煤样并称其质量，装入煤的结渣性测定仪中，将表面扒平。称取与煤样力度相同的木炭 15g，放在带孔的小铁铲中，在电炉上加热至灼热，倒入煤的结渣性测定仪中，迅速扒平，拧紧顶盖，同时打开鼓风机通入适量的空气，待木炭表面燃烧均匀后，将风量调到规定值。当从观察孔观察到煤样燃尽熄灭后，关闭鼓风机，记录气化反应的时间。冷却后取出全部灰渣称量，称量后的灰渣在装有 6mm 孔径的振筛机上振动筛分 30s，称量大于 6mm 的渣块，计算出大于 6mm 的灰渣质量占总灰渣质量的百分率作为结渣率，其计算公式为：

$$C_{\mathrm{lin}} = m_1/m \times 100\%$$

式中　C_{lin}——结渣率，% ；

　　　m_1——大于 6mm 的灰渣质量，g；

　　　m——灰渣总质量，g。

影响煤的结渣性的主要因素有以下几方面：

（1）煤的灰分含量对煤的结渣性起着重要作用，位列诸影响因素之首。如果煤的灰分高，而灰熔融性又比较低，在气化过程中就容易产生熔渣，形成的熔渣把邻近的煤块包围起来，集成更大的渣块，使结渣率升高。

（2）煤灰成分对煤的结渣性影响也很大。煤灰中 Fe、Ca、Mg、K、Na 等元素含量多时，熔点较低，容易结渣。我国早中侏罗纪的大多数煤中，常含有大量的菱铁矿（$FeCO_3$）和硅酸钙（$Ca_2SiO_4 \cdot xH_2O$）等矿物质，当煤燃烧后，这类矿物质转化为氧化物（如 Fe_2O_3、CaO），从而降低了煤灰的熔融性，使煤灰容易结渣。当 Si、Al（如煤中含有铝矾土或黏土矿物）等元素含量较多时，煤灰的熔融性高且不易结渣。一般来讲，煤灰熔融性越低，结渣率越高。

（3）受煤灰周围气氛的影响。因为还原性气氛测得的熔点比氧化性气氛测得的要低，因而煤在还原性气氛中比在氧化性气氛中的结渣率高。

（4）煤中硫含量越高，灰熔融性越低，相应之下煤的结渣性也随之升高。

（5）在测定结渣性时，随着鼓风强度的增加，煤的结渣率也随之增大。

2. 12　煤的黏结性和结焦性

煤隔绝空气并逐渐加热到 200～500℃ 时，煤中会析出一部分气体并形成黏稠状胶质，在继续加热黏稠状胶质体会继续分解，一部分分解为气体，其余部分逐渐固化将煤颗粒黏结在一起，这种结合牢固的程度称为煤的黏结性。煤的黏结性是煤粒（$d < 0.2mm$）在隔绝空气条件下干馏时黏结其本身或外加惰性物质（即无黏结力的物质）成焦块的能力。高炉喷吹用煤应该选用黏结性较差的煤，因为黏结性强容易在高炉风口结焦，从而造成烧坏风口或堵塞喷煤枪。煤的黏结性受煤化程度、煤岩成分、氧化程度和矿物质含量等多种因素影响。煤化程度最高和最低的煤，一般都没有黏结性，胶质层厚度也小。

煤的结焦性是指煤粒在工业条件下隔绝空气干馏时能炼出适合高炉用的有足够强度的冶金焦炭的性能。煤的结焦性与煤的变质程度和煤岩类型有关。光亮型、半亮型的中变质烟煤的结焦性最好，煤中矿物质含量过高或受氧化后，其结焦性变差。

煤的黏结性和结焦性是评价炼焦用煤的指标，其他热加工和动力用煤也需要关注这一指标。煤的黏结性着重反映煤在干馏过程中软化熔融形成胶质体并固化黏结的能力。测定黏结性时加热速度较快，一般只测到形成半焦为止。煤的结焦性全面反映煤在干馏过程中软化熔融直到固化形成焦炭的能力。测定结焦性时加热速度一般较慢。炼焦煤必须兼有黏结性和结焦性，两者关系密切，既有联系又有区别，但又难以严格区别开来的评价指标。黏结性是结焦性的前提和必要条件，结焦性好的煤必须具有较好的黏结性，而黏结性好的煤不一定能单独炼出良好的焦炭。这是因为冶金焦炭在块度、抗碎强度等方面有一系列的特殊要求。

具体测定煤的黏结性和结焦性的依据可以大体分为以下三类：

（1）根据胶质体的数量和性质进行测定，如胶质层厚度、基氏流动度、奥－阿膨胀度等。

（2）根据煤黏结惰性物质能力的强弱进行测定，如罗加指数和黏结指数等。

（3）根据所得焦块的外形进行测定，如坩埚膨胀序数和格－金指数等。

2.12.1　胶质层指数

胶质层指数（plastic layer index）是一种表征烟煤黏结性的指标。胶质层指数测定法是原苏联学者提出的一种单向加热法。该法可测定胶质层最大厚度 Y、最终收缩度 X 和体积曲线类型，并可以了解焦块特征。其中胶质层最大厚度是原苏联、波兰等国家煤的分类指标之一，也是我国现行煤分类中区分强黏结性的肥煤、气肥煤和评价炼焦及配煤炼焦的主要指标。

胶质层指数测定法是模拟工业焦炉的半个气化室，将煤样装在一个特制的钢杯中，钢杯的底部是带有孔眼的活底，煤气可以从孔眼排出。上部压以带有小孔眼的活塞，活塞与装有砝码的杠杆相连。使活塞对煤样施加 0.1MPa 的压力，再在半小时内从底部单向加热至 250℃，然后以 3℃/min 的速度等速加热至 730℃ 为止，煤样温度从上而下逐渐增加，形成一系列的等温层面。当温度上升到煤的软化点温度（通常为 315～350℃）时，煤样开始软化形成具有塑性的胶质体；温度继续上升到固化点温度（通常为 420～450℃）时，胶质体开始固化形成半焦。这样，在加热过程中的某一段时间内，在煤杯中由下而上同时存在半焦层、胶质层和软化的煤样三部分，如图 2-4 所示。

加热过程中，在煤杯下部刚刚形成的胶质层比较薄，随着温度的升高，胶质层厚度不断增加，在煤杯中部达到最大值，然后又慢慢变薄直至完全消失。把定时由探测孔测得的胶质层的上、下层面的

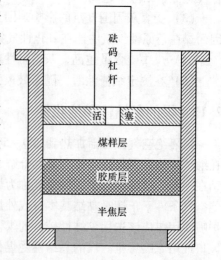

图 2-4　煤杯中煤样的结焦过程示意图

位置数据绘制成曲线，上、下层面之间的垂直距离即为胶质层厚度，从而得到胶质层的最大厚度 Y（mm），如图 2 - 5 所示。

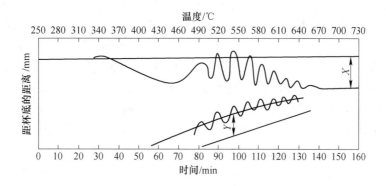

图 2 - 5 煤的胶质层指数测定曲线

在胶质层指数测定过程中，煤样热解产生气体。若胶质体的透气性好，则挥发分的吸储和缩聚反应将造成煤样体积缩小，压力盘下降。若胶质体的透气性不好，气体就会聚集使胶质体膨胀，压力盘上升。通过记录系统可绘制出压力盘位置随时间变化的曲线，即体积曲线。

测定结束时，煤杯内的煤样全部结成半焦，同时体积收缩，体积曲线也下降到了最低点，最低点和零点线之间的垂直距离为最终收缩度 X（mm），如图 2 - 6 所示。

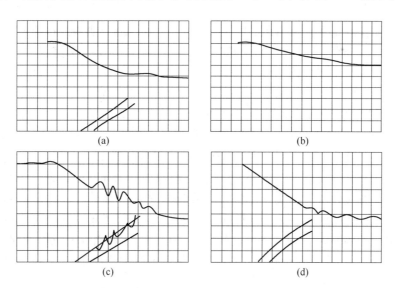

图 2 - 6 胶质层体积曲线类型图
（a）平滑下降型；（b）平滑斜降型；（c）波型；（d）微波型

胶质层最大厚度 Y 值越大，黏结性越好。Y 值大于 12mm 的煤为黏结性良好的煤。Y 值随煤化程度呈规律性变化，中等煤化程度的煤（如肥煤和焦煤），Y 值较大，黏结性好；煤化程度低或高的煤（如褐煤或无烟煤），Y 值很小甚至测不出来，煤的黏结性就很差甚至没有黏结性。对于相同煤化程度的煤，Y 值与煤岩组分有关，一般是镜质组 > 壳质组 > 惰质组（通常不形成胶质体）。

　　体积曲线的形状与煤在胶质体状态的性质有直接关系，取决于胶质体分解时产生的气体析出量、析出强度、胶质层厚度、透气性以及半焦的裂纹等。由于体积曲线只能分几类，且其中还有混合型的，缺乏定量概念，因此只能作为辅助指标。如果胶质体透气性很好，且煤的主要热分解时在半焦形成之后进行的，则体积曲线呈平滑下降型；如果胶质体膨胀不大，气体逸出也慢，则煤的体积曲线呈波形下降；如果胶质体不透气，底部半焦层的裂纹又比较少，再加上热解气体无法逸出，煤杯中煤样的体积就随温度升高而增大，直到胶质体全部固化后体积才减小，这时曲线呈"山"字形；如果胶质体不透气，底部半焦裂纹又比较多，胶质体体积膨胀，聚集的气体从半焦的裂隙中逸出，则体积下降，但随着温度的升高，很快又产生新的胶质体和大量的气体，这些气体又在胶质体内部重新聚集，使胶质体体积膨胀，当气体聚集到一定程度时，半焦又产生裂纹，所聚集的气体从半焦的裂隙中逸出，则体积又下降，这个过程重复进行，使胶质体体积曲线时起时伏，呈"之"字形。除此之外，还有其他的一些类型的曲线，如混合形、微波形等。

　　最终收缩度反映了煤在结焦过程中体积的收缩情况，通常 X 值越大，焦炭的收缩也越大，得到的焦炭裂纹也较多，块度大，强度低。最终收缩度主要与煤化程度有关，随煤化程度的增加，最终收缩度变小；另外，随煤化程度相同的煤，其最终收缩度与煤岩成分有很大关系，通常是壳质组 > 镜质组 > 惰质组。

2.12.2　罗加指数

　　罗加指数法是测定烟煤黏结无烟煤能力的方法，通过测定焦渣的抗碎强度（主要是耐磨性）表示煤样胶质体黏结惰性物质的能力。该方法是波兰煤化学家罗加（B. Roga）提出的，计算出的黏结性指数称为罗加指数（Roga Index，表示符号 R. I.），对中等黏结性煤具有较好的区分能力，是国际硬煤分类中表示黏结性的指标。

　　取 1g 粒度小于 0.2mm（其中 0.1~0.2mm 的比例不少于 20%）的空气干燥烟煤和 5g 标准无烟煤（标准无烟煤是指 $A_d < 4\%$、V_{daf} 为 4%~5%、粒度为 0.3~0.4mm 的无烟煤，我国规定用宁夏汝其沟矿生产的专用无烟煤为标准煤样，其 $V_{daf} < 7\%$），将其在坩埚上混合均匀并铺平，加上钢质砝码，在 850℃ 条件下快速加热 15min 后，将得到的焦炭样品取出冷却至室温，称量焦炭的总质量记为 m；用 1mm 的圆孔筛筛分，称量得到筛上物的质量记为 m_0，并放入罗加转鼓中以（50±2）r/min 的转速转磨 5min，再用 1mm 圆孔筛筛分，称量筛上物质量记为 m_1；将筛上焦渣在转鼓中进行第二次转磨 5min 后再次筛分，称量得筛上物质量记为 m_2；继续重复一次转鼓转磨，称量得筛上物质量记为 m_3。按下面公式计算罗加指数：

$$R.I. = \frac{(m_0 + m_3)/2 + m_1 + m_2}{3m} \times 100$$

式中　$R.I.$ ——罗加指数，即焦块的耐磨强度，以数字表示；

　　　　m ——焦化后焦渣的总质量，g；

　　　　m_0 ——第一次转鼓转磨前筛上焦渣的质量，g；

　　　　m_1 ——第一次转鼓转磨后筛上焦渣的质量，g；

m_2——第二次转鼓转磨后筛上焦渣的质量，g；

m_3——第三次转鼓转磨后筛上焦渣的质量，g。

一般罗加指数越大，煤的黏结性越好。罗加指数随煤化程度呈规律性变化，在中等煤化程度阶段（FC_{daf}为85%～90%）出现最大值，如肥煤。当FC_{daf}小于78%或大于92%时，罗加指数（$R.I.$）值为零，如无烟煤，表示无黏结性。表2-5列出了我国不同煤化程度煤的罗加指数。

表 2-5 我国不同煤化程度煤的罗加指数

煤种	长焰煤	气煤	肥煤	焦煤	瘦煤	贫煤	不黏煤	弱黏煤	无烟煤
$R.I.$	≤15	15～90	80～92	60～85	10～60	≤10	<10	10～40	0

2.12.3 黏结指数

黏结指数（caking index）指的是在规定条件下烟煤在加热后黏结无烟煤的能力，通常用$G_{R.I.}$来表示，也可简写成G，是评价炼焦用煤的主要指标之一。该指标已经成为我国新的煤炭分类国家标准中确定烟煤工艺类别的主要指标之一。根据煤样黏结指数的高低，可以大致确定该煤的主要用途，适宜炼焦还是造气或其他工艺。

黏结指数的测定原理与罗加指数相同，将一定质量的试验煤样和专用无烟煤样（我国以宁夏汝其沟矿生产的专用无烟煤为标准煤样），在规定的条件下混合，快速加热成焦，所得焦块在一定规格的转鼓内进行强度检验，以焦块的耐磨强度，即抗破坏力的大小来表示煤样的黏结能力。黏结指数是我国北京煤化所参考罗加指数测定原理提出的，该指标的测定方法是按1∶5或3∶3的配比使烟煤和标准无烟煤混合后焦化，测定其所得焦块的黏结强度。

当煤的配比为1∶5时，用下式计算黏结指数$G_{R.I.}$：

$$G_{R.I.} = 10 + \frac{30m_1 + 70m_2}{m}$$

当$G_{R.I.} < 18$时，煤的配比改为3∶3，操作步骤与测定罗加指数的方法相同，然后按下式计算$G_{R.I.}$：

$$G_{R.I.} = 10 + \frac{30m_1 + 70m_2}{5m}$$

式中 m——焦化后焦渣的总质量，g；

m_1——第一次转鼓转磨后筛上焦渣的质量，g；

m_2——第二次转鼓转磨后筛上焦渣的质量，g。

影响黏结指数（$G_{R.I.}$）的煤质因素有两方面：（1）显微组分的影响。在相同变质条件下的烟煤，其黏结指数值与煤中活性组分体积分数之间呈现良好的线性关系，即黏结指数的大小直接表征煤中活性组分的多少，从而表征了它对惰性组分的黏结能力。（2）煤中矿物质的影响。煤中灰分含量增多，黏结指数值随之减少，但对不同种类的煤，其影响程度是不同的。灰分对中等黏结性煤的测定结果影响最大，相对来讲，对强黏结性煤和弱黏结性煤的测定结果影响最小。

黏结指数（$G_{R.I.}$）与罗加指数（$R.I.$）呈直线变化关系，黏结指数对强黏结性和弱黏结性煤的区分能力有所提高，而且黏结指数的测定结果重现性较好。黏结指数法相对罗加法的不同之处在于：

（1）专用无烟煤的统一加工及选定。

（2）标准无烟煤的粒度由罗加法的 0.3～0.4mm，改为黏结指数法的 0.1～0.2mm，扩大强黏煤的测值范围，同时由于无烟煤粒度与试验用烟煤粒度相近，容易混匀，减少指标误差，提高测定的重现性与稳定性。

（3）在测定弱黏结性煤的黏结指数时，将无烟煤与烟煤的配比改为 3∶3，解决罗加法中对弱黏煤的测定不准的问题。

（4）实现了机械搅拌，改善了试验条件，减少了人为误差。

（5）将转鼓次数由 3 次改为 2 次，取消了转磨前的筛分和 1 次转磨，减少了称量次数。

（6）改变了计算公式，简化了操作与计算步骤。

2.12.4　奥－阿膨胀度

奥－阿膨胀度（Audibert-Arnu dilatation）最初是由奥迪贝尔特（Audibert）首先进行测定，后经阿尼（Arnu）改进的，以膨胀度 b 和收缩度 a 等参数表征烟煤膨胀性的指标。它是一种以慢速加热来测定煤的黏结性的方法，1953 年被认定为国际硬煤分类的指标，1986 年列为我国新的煤炭分类国家标准中区分肥煤和其他煤类的辅助指标。此外，煤的奥－阿膨胀度还可以广泛用于研究煤的成焦机理、煤质评价、指导炼焦配煤和焦炭强度预测等方面。

将 10g 粒度小于 0.15mm 的煤样与 1mL 水混匀，在钢模内按规定方法制成长度为 60mm 的煤笔，放在一根非常光洁的标准口径的膨胀管内，其上放置一根能在管内自由滑动的钢杆（膨胀杆）。将上述装置放入已经预热到 330℃ 的电炉内加热，以 3℃/min 的升温速度加热至 500～550℃。在此过程中，煤受热达到一定温度后开始分解，首先析出一部分挥发分，接着开始软化析出胶质体。随着胶质体的不断析出，煤笔开始变形缩短，膨胀杆随之下降——标志煤的收缩。当煤笔完全熔融呈塑性状态充满煤笔和膨胀管壁间的全部空隙时，膨胀杆不再下降，收缩过程结束。然后随着温度的升高，塑性体开始膨胀并推动膨胀杆上升——标志煤的膨胀。当温度达到该煤样的固化点时，塑性体固化形成半焦，膨胀杆停止运动。用与膨胀杆固定在一起的记录笔记录下膨胀杆的位移曲线，以位移曲线的最大距离占煤笔原始长度的百分数，表示煤样膨胀度的大小。

通过试验测得下列指标：软化温度（T_1）为膨胀杆下降 0.5mm 时的温度；开始膨胀温度（T_2）为膨胀杆下降到最低点后再开始上升的温度；固化温度（T_3）为膨胀杆停止移动时的温度；最大收缩度（a）为膨胀杆下降的最大距离占煤笔长度的百分数（%）；最大膨胀度（b）为膨胀杆上升的最大距离占煤笔长度的百分数（%）。

图 2-7 所示为奥－阿膨胀曲线示意图及其类型。煤的膨胀曲线分为 4 种：正膨胀（膨胀曲线超过零点后达到水平，如图 2-7（b）所示）；负膨胀（膨胀曲线在恢复到零点线前达到水平，如图 2-7（c）所示）；仅收缩（收缩后没有回升，如图 2-7（d）所示）；倾斜收缩（最终的收缩曲线不是完全水平的而是缓慢向下倾斜的，如图 2-7（e）所示）。

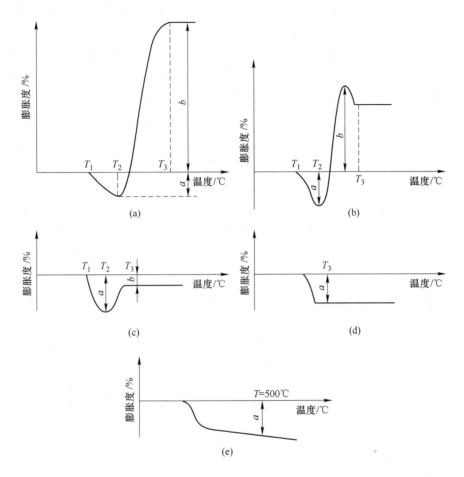

图2-7 奥-阿膨胀曲线示意图及其类型

（a）膨胀曲线示意图；（b）正膨胀；（c）负膨胀；（d）仅收缩；（e）倾斜收缩

煤的性质不同，膨胀的高低、快慢也不相同。最大膨胀度 b 主要取决于煤的胶质体数量、胶质体的布透气性和气体的析出速度。如胶质体数量多，透气性差，膨胀度就大。一般煤化程度较低或较高的煤，其膨胀度都小；而中等煤化程度的煤，如肥煤、焦煤膨胀度大，黏结性好。煤的膨胀度与胶质体的最大厚度 Y 之间有较好的相关关系，Y 值越大，煤的膨胀度也越大。煤的膨胀度在区分中等以上黏结性煤，特别是强黏结性煤方面具有其他指标无法比拟的优点。

2.12.5 坩埚膨胀序数

坩埚膨胀序数（crucible swelling number），又称为自由膨胀序数、自由膨胀指数（free swelling index），是煤样在坩埚中不受阻力的情况下受热熔融膨胀后所测定的黏结指数的指标。1942 年，英国首先把坩埚膨胀序数订入标准（BS1016），1956 年，在硬煤国际分类中把坩埚膨胀序数作为确定组别的一个指标。1958 年，中国也把坩埚膨胀序数订为国家标准（GB/T 5448—2014）。在炼焦工业中，用它来评价煤的结焦特性；在燃烧工业中，用它来指示煤在某些类型燃烧设备中的结焦倾向。

测定坩埚膨胀序数有两种加热方式：一种是传统的煤气灯加热，另一种是电炉加热。我国目前规定使用电炉加热法。称取 1 ± 0.1g 新磨的粒度小于 0.2mm 的煤样放在特别的有盖的坩埚中，并将煤样晃平、敲实，放入电加热炉中，以 400℃/min 的加热速度快速加热至 820 ± 5℃，将坩埚取出，冷却后可得到不同形状的焦块。将焦块与一组标有序号的标准焦块侧形（图 2-8）相比较，取其最接近的焦形序号作为测定结果。

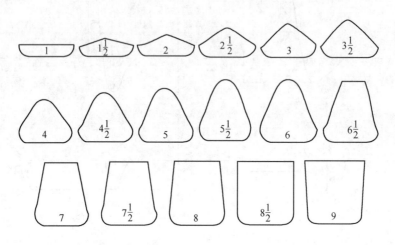

图 2-8　坩埚膨胀序数标准焦块侧形和编号

坩埚膨胀序数的大小取决于煤的熔融情况、胶质体形成和存在其间的析气情况，以及胶质体的透气性。序数越大，表示煤的膨胀性和黏结性越强。

2.12.6　格-金干馏试验

格-金干馏试验（Gray-King Assay）由格雷和金二人于 1923 年提出的煤低温干馏试验方法，用以测定热分解产物的回收率和测定煤的黏结性——格-金焦型（Gray-King's coke），过去曾称葛金干馏试验。它是硬煤国际分类确定组别的指标之一。

根据《煤的格金低温干馏试验方法》（GB/T 1341—2007），煤在干馏管中进行低温干馏，经干燥、软化、热分解后生成胶质体，并放出挥发物（煤气、焦油、水蒸气等），最终形成半焦。具体方法是将 20g 粉碎至 0.2mm 以下的煤样或配煤放在特制的石英干馏管中，将干馏管放入预先加热至 300℃ 的电路中，以 5℃/min 的加热速度升温至 600℃，并恒温 15min，测定热解水产率、焦油产率、半焦产率、氨产率、煤气产率等，并将所得半焦与一组标准焦型（图 2-9）对比，确定所得半焦的格-金焦型指数。

标准焦型分为 A、B、C、D、E、F、G、G_1～G_x 等类型，其中 G 型为标准焦炭，其特征是熔融且硬，体积与原来煤样相等。强膨胀煤必须加入一定量的电极炭，而 G_1～

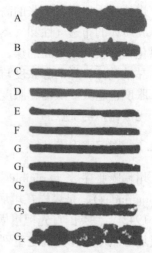

图 2-9　煤的标准格-金焦型

G_x（x 一般为 1 ~ 13 之间的任一数字）中右下角的数字表示为了得到与 G 型相同的焦炭，在每 20g 的煤样和电极炭混合物中所需要的电极炭克数。黏结性越强的煤，须配入的电极炭数量越多（G_x 中的 x 值越大）。表 2 – 6 所列为各种焦型的主要特征。

表 2 – 6　各种焦型的主要特征

焦型	体 积 变 化	主要黏结特征、强度和其他特征
A	试验前后体积大体相等	不黏结，粉状或粉中带有少量小块，接触就碎
B	试验前后体积大体相等	微黏结，多于 3 块或块中带有少量粉，一拿就碎
C	试验前后体积大体相等	黏结，整块或少于 3 块，很脆易碎
D	试验后较试验前体积明显减小（收缩）	黏结或微熔融，较硬，能用指甲刻画，少于 5 条明显裂纹，手摸染指，无光泽
E	试验后较试验前体积明显减小（收缩）	熔融，有黑的或稍带灰的光泽，硬，手摸不染指，多于 5 条明显裂纹，敲时带金属声响
F	试验后较试验前体积明显减小（收缩）	横断面完全熔融并呈灰色，坚硬，手摸不染指，少于 5 条明显裂纹，敲时带金属声响
G	试验前后体积大体相等	完全熔融，坚硬，敲时发出清晰的金属声响
G_1	试验后较试验前体积明显增大（膨胀）	微膨胀
G_2	试验后较试验前体积明显增大（膨胀）	中度膨胀
G_x	试验后较试验前体积明显增大（膨胀）	强膨胀

2.13　煤的爆炸性能

煤粉的爆炸是在高温或一定点火能的热源作用下，空气中氧气与煤粉急剧氧化的反应过程，是一种非常复杂的链式反应，一般认为其爆炸机理及过程如下：

（1）煤本身是可燃物质，当它以粉末状态存在时，总表面积显著增加，吸氧和被氧化的能力大大增可，一旦遇见火源，氧化过程迅速展开；

（2）当温度达到 300 ~ 400℃时，煤的干馏现象急剧增强，放出大量的可燃性气体，主要成分为甲烷、乙烷、丙烷、丁烷、氢和 1% 左右的其他碳氢化合物；

（3）形成的可燃气体与空气混合的高温作用下吸收能量，在尘粒周围形成气体外壳，即活化中心，当活化中心的能量达到一定程度后，链反应过程开始，游离基迅速增加，发生了尘粒的闪燃；

（4）闪燃所形成的热量传递给周围的尘粒，并使之参与链反应，导致燃烧过程急剧地循环进行，当燃烧不断加剧使火焰速度达到每秒数百米后，煤尘的燃烧便在一定临界条件下跳跃式地转变为爆炸。

煤粉爆炸主要是在煤粉颗粒分解的可燃气体（挥发分）中进行的，因此煤的挥发分数量和质量是影响煤粉爆炸的最重要因素。一般来讲，煤的可燃挥发分含量越高，爆炸性越强，即煤化作用程度低的煤，其煤粉爆炸性强，随煤化作用程度的增高而爆炸性减弱。煤中的灰分是不燃性物质，能吸收能量，阻挡热辐射，破坏链反应，降低煤粉的爆炸性。煤的灰分对爆炸性的影响也与挥发分含量的多少有关，挥发分小于 15% 的煤粉，灰分的影响比较显著，当挥发分含量大于 15% 时，灰分对于煤粉的爆炸几乎没有影响。水分能降低煤粉的爆炸性,因为水的吸热能力大,能促使细微煤粉颗粒聚结为较大的颗粒,减少煤粉的总表面积,同时还能降低煤粉的飞扬能力。煤中所含有的灰分和水分对降低煤粉爆炸性的作用并不显著,只有人为地掺入灰分(撒岩粉)或水分(洒水)才能防止煤粉的爆炸。煤粉粒度对爆炸性的影响极大。直径在 1mm 以下的煤粉粒子都可能参与爆炸,而且爆炸的危险性随粒度的减小而迅速增加。75μm 以下的煤粉特别是 30 ~ 75μm 的煤粉爆炸性最强,因为单位质量煤粉颗粒直径越小,总表面积及表面能越大。粒径小于 10μm 后,煤粉爆炸性增强的趋势变得平缓。煤粉粒度对爆炸压力也有明显的影响。在同一煤种不同粒度条件下,爆炸压力随粒度的减小而增高,爆炸范围也随之扩大,即爆炸性增强。粒度不同的煤粉引燃温度煤尘燃烧温度也不相同,煤粉粒度越小,所需引燃温度越低,且火焰传播速度也越快。空气中氧的含量高时,点燃煤粉颗粒的温度有所降低;氧的含量低时,点燃煤粉颗粒困难,当氧含量低于 17% 时,煤粉就不再爆炸。煤粉的爆炸压力也随空气中含氧的多少而不同。含氧高,爆炸压力高;含氧低,爆炸压力低。点燃煤粉造成煤粉爆炸,就必须有一个达到或超过最低点燃温度和能量的引爆热源。引爆热源的温度越高,能量越大,越容易点燃煤粉;反之温度越低,能量越小,越难以点燃煤粉颗粒,且即使引起爆炸,初始爆炸的强度也越小。因此,煤粉爆炸必须同时具备四个条件:

(1)煤粉必须达到一定的浓度。单位体积中能够发生煤粉爆炸的最低或最高煤粉量称为下限和上限浓度。低于下限浓度或高于上限浓度的煤粉都不会发生爆炸。煤粉爆炸的浓度范围与煤的成分、粒度、引火源的种类和温度及试验条件等有关。一般来讲,煤粉爆炸的下限浓度为 30 ~ 50g/m³、上限浓度为 1000 ~ 2000g/m³。其中爆炸力最强的浓度范围为 300 ~ 500g/m³。

(2)存在能引燃煤粉爆炸的高温热源。煤粉的引燃温度变化范围较大,它随着煤粉性状、浓度及试验条件的不同而变化。我国煤粉爆炸的引燃温度在 650 ~ 1050℃ 之间,一般为 700 ~ 800℃。煤粉爆炸的最小点火能为 4.5 ~ 40MJ。这样的温度条件,几乎一切火源均可达到。

(3)煤粉爆炸还必须具备一定浓度的氧气,要求氧气的浓度不低于 18% (体积分数)。空气中的氧气浓度一定大于 18%。

(4)分散悬浮的煤粉处于定容的空间内。高炉喷吹煤粉的各种煤粉仓、储煤罐、喷吹罐等都属于定容密闭或半密闭的空间。

3 煤中氯元素在高炉中的行为

3.1 绪言

高炉喷煤是煤炭消耗的一个重要组成部分,随着高炉喷煤比的提高,煤炭中微量元素Cl进入高炉的数量增加,煤炭在燃烧过程中,由于温度的升高,煤炭中许多物质结构分子被破坏,尤其是煤炭中以吸附态存在或以静电吸引方式结合的微量元素要发生迁移。以其他形式赋存在煤炭中的微量元素也将被游离出来,其中部分微量元素在风口燃烧形成煤气进入高炉炉内,从而使某些微量元素发生析出,并对高炉冶炼过程产生影响。不同的微量元素由于在煤炭中的赋存状态以及与其他元素和物质结合的方法不同,在不同温度对微量元素破坏的程度不同,这就决定了微量元素从煤中迁移变化的难易,而燃烧温度的高低对微量元素的析出起着重要的控制作用。

近几年,微量元素Cl对高炉冶炼过程的影响主要表现在,部分高炉风口结渣物、布袋除尘箱内壁黏结物、TRT叶片黏结物、热风炉蓄热室格子砖内的黏结物中都分别检测到大量的Cl元素,这些黏结物中最高的Cl元素含量可以达到60%以上。虽然对煤粉在高炉风口区的燃烧过程、未燃煤粉在高炉内的行为等方面进行了大量的研究,这些研究为高炉喷煤比的提高提供了有效的理论基础。但煤炭中微量元素Cl对高炉风口区煤粉燃烧过程的影响和在燃烧过程中释放、转换迁移的规律以及对焦炭、烧结矿、球团矿、耐火材料冶金性能的影响还不清楚,对高炉冶炼过程和环境的影响也未见报道。由于经济效益和资源的原因,在可预见的将来,高炉煤比还将得到进一步的提高,通过喷煤进入高炉的微量元素Cl的数量也将得到进一步的增加。因此,有必要对煤炭中微量元素Cl在高炉内的迁移变化规律和对环境的影响进行系统的研究。

氯元素通过喷吹煤粉进入高炉,风口温度一般大于1600℃,但煤粉在风口前的燃烧是在有限时间(0.01~0.04s)、有限空间和快速加热的条件下进行的,而且氧的数量也是有限的。根据煤中氯的释放性特征可知:煤中的氯大部分以HCl析出,部分以Cl⁻的形式析出,还有少部分滞留在未燃煤粉中。进入未燃煤粉的部分最终进入炉渣排出高炉。析出部分以气体形式存在于高炉环境中,随着煤气流不断上升,并在上升的过程中发生各种反应,最终氯元素以气体氯化铵形式随着煤气离开高炉进入以后的各个环节。

3.2 煤中氯元素的含量及分布

世界主要产煤国的煤中氯元素含量相差比较大,从百万分之几到几十分之一不等,全球煤中氯元素含量平均值为0.10%,大部分煤中氯元素含量的范围为0.005%~0.20%,其中,澳大利亚煤为0.002%~0.10%、印度煤为0.32%~0.55%、南非煤为0.0014%~0.034%、德国煤为0.14%~0.25%、英国煤为0.002%~0.91%、美国东部煤为0.01%~

0.80%、伊利诺伊州煤为 0.01% ~ 0.54%、弗吉尼亚州煤为 0.005% ~ 0.17%。在美国4171 个煤样品中氯元素含量的算术平均值为 0.061%、几何平均值为 0.008%、最大值为0.88%[1]。表 3 - 1 列出了主要产煤国煤中氯元素含量的范围[2]。

表 3 - 1　世界各国煤炭中氯的含量　　　　　　　　　　　（%）

国　家　及　地　区		氯　含　量
英　国	南威尔士	0.02 ~ 0.13
	苏格兰	0.03 ~ 0.96
	约克夏	0.10 ~ 0.75
	东米德兰	0.10 ~ 1.20
美　国	亚拉巴马州	<0.01 ~ 0.04
	伊利诺伊州	0.01 ~ 0.54
	印第安纳州	<0.01 ~ 0.17
	肯塔基州	<0.01 ~ 0.33
	宾夕法尼亚州	0.01 ~ 0.25
	田纳西州	0.01 ~ 0.19
	西弗吉尼亚州	<0.01 ~ 0.29
澳大利亚		0.01 ~ 1.10
意大利		0.32 ~ 0.55
加拿大		<0.01 ~ 0.05
南极洲		<0.01 ~ 0.03
波　兰		<0.03 ~ 0.19
南　非		<0.01 ~ 0.03
德　国		0.14 ~ 0.25
中　国	北部（山西）	0.014 ~ 0.19
	南部	0.006 ~ 0.084

1996 年，我国煤炭工业部制定过一个煤中氯元素含量等级划分标准（MT/5597—1996），即高氯煤（代号 HCl）$w(Cl) > 0.300\%$；中氯煤（代号 MCl）$w(Cl) > 0.150\% \sim$ 0.300%；低氯煤（代号 LCl）$w(Cl) > 0.050\% \sim 0.150\%$；特低氯煤（代号 SLCl）$w(Cl) \leqslant 0.05\%$。根据此标准来划分世界各地煤中氯元素含量：北美和东欧一些国家和地区的煤属于高氯煤；西欧一些国家和地区的煤属于中氯煤；亚洲和澳洲一些国家和地区的煤属于低氯煤；非洲的一些国家和地区的煤属于特低氯煤。

当然由于成煤环境、煤种、煤层、产地、成煤植物、地质条件、地下水以及地热、地压等众多因素的影响，世界各个国家和地区的煤中氯元素含量并不相同，并且有的国家和地区差异很大，并不能用一般规律来一概而论。比如在英国、德国、波兰、奥地利、美国、前苏联等国发现特富含氯的"盐煤"，氯的含量高达 $(n \times 1000) \sim (n \times 10000)$ mg/kg 数量级[2]，其实远远超过了高氯煤的范围，应该属于特高氯煤。Swaine 认为多数煤中氯含量处于 50 ~ 2000mg/kg 之间。

我国煤炭中氯的含量普遍比较低，大多数在 0.01% ~ 0.20% 之间，平均含量为 0.02%，绝大部分煤炭中氯元素的含量都处在 0.05% 以下，少部分在 0.050% ~ 0.15% 之间，高氯煤几乎没有。姜英[3] 按煤储量统计了全国国有重点煤矿氯的平均含量在四个级别中的分布，在全国国有重点煤矿煤的储量中，特低氯煤级别的煤储量占绝大多数，即 89.92%；低氯煤级别的煤占 10.08%；而中氯煤和高氯煤级别的煤储量几乎没有。在低氯煤级别的煤储量中，72.42% 分布在华北地区，12.02% 分布在西北地区，其余地区的低氯煤级别的煤储量很少，几乎都属特低氯煤。总之，按目前已有的分析资料，我国多数煤的氯含量不足 500mg/kg，一般的平均含量处在 200 ~ 250mg/kg 之间，因此，可以认为我国煤基本上都属于低氯煤。表 3 – 2 列出了我国主要产煤区煤中氯含量的分级范围[4]。

表 3 – 2 我国主要产煤区煤中氯含量的分级范围　　　　　　（%）

地区名称	储　量	煤中氯含量分级范围			
		≤0.050	>0.050 ~ 0.150	>0.150 ~ 0.300	>0.300
全国	占本级	89.92	10.08	0	0
华北	占全国本级	44.99	72.42	0	0
	占本区	84.71	15.29	0	0
东北	占全国本级	12.45	4.39	0	0
	占本区	96.20	3.80	0	0
华东	占全国本级	9.57	6.73	0	0
	占本区	92.70	7.30	0	0
中南	占全国本级	14.22	1.19	0	0
	占本区	99.06	0.94	0	0
西南	占全国本级	10.56	3.26	0	0
	占本区	96.66	3.34	0	0
西北	占全国本级	8.20	12.02	0	0
	占本区	85.89	14.11	0	0

浙江大学对我国的 40 多种煤样的氯含量进行分析得出：不同煤种的氯含量比较，石煤和煤矸石的氯含量较低，并且比较接近，平均约为 0.0125%[5]。烟煤的平均氯含量最高，约为 0.0246%，褐煤次之；氯含量较高的煤样主要来自河南、山西、四川和辽宁等地，认为山西煤层氯含量偏高的原因是山西的煤层属于华北石炭二叠纪，由于华北气候干旱导致了煤中氯的富集，而华南气候潮湿导致了煤中氯的淋出。除了气候的影响以外，岩浆热液也有影响，煤中氯元素可能来源于碱性、偏碱性岩浆晚期热液。而四川的煤层氯含量偏高可能与当地存在陆地盐有一定关系。

3.3　煤中氯元素的测定方法

煤粉及其燃烧产物氯含量测定是煤中氯分布与赋存特性、燃烧分异规律研究的基础。由于煤中氯元素含量较少，并且氯元素是一种化学性质非常活泼的元素。因此，煤中氯的测定被公认为是非常困难和具有挑战性的工作。到目前为止，虽然已经研究出碱熔法、高温水解法（我国国家标准 GB/T 4633—1997），氧弹法（美国材料与试验协会标准方法 STM - D3761—1979）和仪器分析法。但是，煤中氯的赋存形态的复杂性和差异性对一些测定方法的测定精度有较大的影响。不同国家的不同测定标准，不同方法、不同实验室甚至不同研究者之间的测定结果也存在较大差异。这种现状严重制约了煤中氯元素相关研究，给煤中氯元素相关研究造成了极大的困难。建立、选择和采用快速、精确、可靠的煤中氯的测定方法，获得煤中氯含量的精确、可靠的数据，不仅是开展本研究的基本前提，而且是对正确进行氯元素对高炉影响的评价更具有重要的现实意义。

3.3.1　煤中氯元素的直接测定方法

仪器分析是煤中微量元素分析的重要方法，仪器分析方法直接测定煤中氯免除了传统的间接测量中需对煤样进行分解处理等繁琐过程，减少了操作过程中的误差，是一种快速、灵敏、先进的测定手段。但由于氯属于轻量元素，适用的仪器方法、测试精度及应用范围比较局限，加之部分精密仪器的不普及和操作的复杂性，造成目前应用受到限制。因此，直接测定煤中氯的报道很少。发射光谱法被广泛应用于微量元素定量分析，Simms 等和 Clayton 曾用质子诱导 γ 射线发射光谱法（PIGME）直接测定煤中氯含量。此外，也有中子活化法（NAA）、X - 射线荧光法、扫描电镜（SEM）、X 衍射（EDX）直接对固相进行测定[6~8]。

3.3.2　煤中氯元素的间接测定方法

氯元素是一种化学性质非常活泼的元素，它既不会生成不溶性化合物，也不会生成带色物质，因此不能用传统的重量法或比色法直接测定，一般普遍采用间接方法测定。首先以适当方法分解煤样，使煤中氯化物定量地分离转化为某种形式的可溶性氯离子溶液，然后再用某种化学或仪器方法（如比色法、离子色谱法等）测定样品溶液中的氯含量。

（1）煤样处理方法。用适当的方法处理煤样，使煤中氯化物定量地分离转换成某种离子成分简单、空白值低的可溶性氯离子样品溶液是煤中氯测定的关键步骤。

煤样处理方法主要有灰化法、水蒸气蒸馏法、酸解法、萃取法、高频感应电炉法、氧弹法和高温水解法等。早期的灰化法、水蒸气蒸馏法和酸解法由于处理煤样程序繁琐、测定速度慢、空白值高以及操作方法难以掌握，现使用已不普遍。目前应用较多的是氧弹法、萃取法、艾氏卡法和高温水解法等。

（2）样品溶液中的氯含量测定。通过适当方法分解煤样，使煤中氯化物定量地分离转化为某种形式的可溶性氯离子溶液后，便是应用某种化学或仪器方法来测定样品溶液中的氯含量。溶液中氯离子浓度测定方法主要有：硫氰酸汞比色法、氢氧化钠滴定法、电位滴定法、硫氰酸钾滴定法、离子选择性电极法、间接电感耦合离子体原子发射光谱法和原子吸收光谱法等[9~15]。

3.4　煤中氯元素在高炉中的危害特征

煤粉中的氯元素通过高炉喷吹进入高炉，在风口分解形成 HCl，随着高炉煤气上升，并伴随着化学反应，最终以 NH_4Cl 形式进入煤气，在高炉中表现出不同的危害特征，主要表现在：在高炉风口结渣，腐蚀管道，堵塞除尘设备，影响 TRT 正常运行，降低热风炉的寿命等一系列的危害。

3.4.1　煤中氯元素对高炉风口的影响

　　氯化物促进高炉风口结渣，影响高炉顺行。高炉风口结渣是由于一些低熔点物质在风口凝固，并逐渐聚集在风口部位，大部分氯化物的熔点都很低。煤粉中的氯在200~500℃之间析出为有机氯或水溶态的氯；而在1000~1100℃之间析出时为无机氯。高炉风口区的温度通常超过1600℃，煤粉中的氯几乎全部析出，一部分与Fe、Ca、Mg、Al、Si等元素反应形成低熔点化合物，在风口形成结渣物。表3-3为某高炉风口结渣物的能谱分析结果。由表3-3可以看出：高炉风口结渣物中含有少量氯元素、氯离子和一些阳离子形成低熔点化合物，在风口聚集并结渣。

表3-3　某高炉风口结渣物质的能谱分析结果　　　　　　　（%）

品　种	Na	Mg	Al	Si	S	Cl	Ca	Fe	Zn	K	O
淡红色黏结物	16.40	24.76	1.97	2.33	0.67	0.39	1.36	6.10	1.86	10.78	33.38
灰白色黏结物	26.33	2.76	0.47	1.44	0.16	0.49	1.13	2.81	7.18	33.64	23.59
灰白色黏结物	18.10	16.67	1.37	1.52	2.04	0.39	0.66	0.54	0.36	28.64	29.71
黑色黏结物	19.01	12.54	0.15	0.20	0.36	0.24	1.02	0.58	2.32	38.65	24.93
黑色黏结物	7.83	21.09	2.25	4.20	2.03	0.33	1.11	0.88	0.33	26.83	33.12

3.4.2　煤中氯元素对煤气管道的影响

　　氯化物堵塞煤气管道，影响高炉煤气的正常运行。为了降低水的消耗，近些年来，高炉煤气除尘系统中干法除尘工艺被普遍应用。但布袋除尘只能够过滤5μm以上的灰尘颗粒，在温度较高的情况下，氯盐（其主要成分为NH_4Cl）以气态形式存在。现代高炉喷吹煤粉，在冶炼过程中会有氯化氨生成。氯化氨在100℃时会大量挥发，在337.8℃时分解成HCl分子和NH_3分子，以气体形式存在于煤气中，干法（布袋）除尘设备不能将其过滤下来，随着煤气温度的不断降低煤气中的NH_3和HCl结合成NH_4Cl固体，与部分小于5μm的灰尘颗粒形成混合物存在管道中。一部分黏结在布袋除尘箱的内壁，从而影响布袋的除尘效率；一部分堵塞管道和烧嘴，影响用户正常使用煤气。表3-4为某高炉布袋除尘箱内壁黏结物的能谱分析结果。由表3-4可以看出：黏结物中含有大量的氯元素，根据物理化学原理，氯元素在煤气管道黏结物中不可能以单质形式存在，最大的可能是以NH_4Cl（能谱分析不能检测出N、H元素）、$FeCl_3$和$FeCl_2$的形态存在。

表3-4　某高炉布袋除尘箱内壁黏结物的能谱分析结果　　　　　（%）

编　号	Al	Si	Cl	S	Fe	O
1	0.44	0.35	95.43		2.10	1.69
2	1.54	1.22	66.79	1.02	16.51	12.92
3	1.98	2.14	81.29	0.57	4.94	9.08
4	1.06	1.01	67.45	1.44	17.34	11.70

另外，氯离子腐蚀煤气管道，易造成重大事故。随着煤气温度逐渐降低后会析出大量的冷凝水，氯化氨溶于水中后，氯离子会腐蚀煤气管道，造成煤气泄漏。氯化氨属于强酸弱碱盐，溶于水后形成酸性溶液也会对煤气管道造成腐蚀，降低了煤气管道的强度和使用寿命。

3.4.3 煤中氯元素对 TRT 的影响

氯化物黏结在 TRT 叶片上，影响机组正常运行。在近几年，在一些使用干法 TRT 的企业多次出现机组流道快速结垢现象，结垢的主要成分为氯化氨（NH_4Cl）与灰的结晶，称为积盐。引起机组振动而停机，主要是在透平机组的二级叶片和排气涡壳内积垢严重，最厚处达 50～60mm，采用人工除灰后恢复运行，但仍然频繁出现此问题，给用户带来了很大的经济损失，并给机组带来了安全隐患。分析透平产生积盐的机理：虽然高炉煤气采用的是干法除尘，但经过除尘的煤气介质本身还含有一定数量的粉尘和过热的水蒸气，并伴随着用除尘设备不能完全清除的油雾和一些高炉产生的多组分气体，最终进入 TRT 透平的介质为气 – 汽 – 固组成的多相流。在煤气进入透平膨胀做功后，温度会逐渐降低，当低于水气的露点时就有凝结水形成，这时煤气中的一些复杂成分如 NH_4Cl 等在透平排气温度低于其化合产物露点（80～90℃）以下遇水及粉尘时，会以固体形态析出并附着在透平的动静叶片和机壳内壁上，日积月累就形成坚固的垢层，最后导致机组无法正常运行。表 3 – 5 是某钢铁公司高炉 TRT 叶片积盐的能谱分析结果。由表 3 – 5 可以看得出：TRT 叶片积盐中含有大量的氯元素，根据物理化学原理，氯元素在 TRT 叶片积盐中不可能以单质形式存在，最大的可能是以 $FeCl_3$、$FeCl_2$ 和 NH_4Cl（能谱分析不能检测出 N、H 元素）的形态存在。

表 3 – 5 某高炉 TRT 叶片积盐的能谱分析结果 （%）

编 号	Al	Si	Cl	Fe	O
1	0.61	0.60	62.81	18.28	17.70
2	2.21	2.91	42.79	26.50	25.59
3	2.68	2.96	65.33	13.17	15.86

3.4.4 煤中氯元素对热风炉的影响

氯化物腐蚀蓄热室的格子砖，降低热风炉寿命。近年来，由于干法除尘工艺的应用，使得煤气的发热值大大提高，为提高风温创造了有利的条件，也正是由于干法除尘工艺的应用，高炉煤气中带进了氯元素，使得蓄热室的格子砖被腐蚀，缩短了热风炉的寿命，其腐蚀原理为：

$$Al_2O_3 + 6HCl \longrightarrow 2AlCl_3 + 3H_2O$$
$$Fe_2O_3 + 6HCl \longrightarrow 2FeCl_3 + 3H_2O$$
$$SiO_2 + 4HCl \longrightarrow SiCl_4 + 2H_2O$$

某热风炉格子砖的能谱分析结果见表 3 – 6。

表 3-6 某热风炉格子砖的能谱分析结果 （%）

编号	Al	Si	Cl	Fe	O
1	10.11	12.01	43.74	8.28	25.86
2	13.49	14.11	33.31	11.50	27.59
3	13.87	14.77	30.33	12.17	28.86

由表 3-6 可以看得出：热风炉格子砖上含有大量的氯元素，根据物理化学原理，氯元素在格子砖中不可能以单质形式存在，最大的可能是以 $FeCl_3$、$FeCl_2$、$SiCl_4$ 和 $AlCl_3$ 的形态存在。

3.5 氯元素对煤粉在高炉风口区燃烧过程的影响

氯是喷吹煤中对高炉冶炼过程有严重危害的微量元素之一。当煤粉燃烧时，煤中氯化物将发生分解，大部分以 HCl 的气态污染物形式进入高炉。不仅严重地影响原燃料的冶金性能，而且造成高炉设备的破坏与腐蚀。尽管煤中氯含量是很低的，但随着高炉喷煤比的提高，煤炭中微量元素 Cl 进入高炉的数量增加，对高炉冶炼过程的影响也越来越明显。因此，有必要对煤炭中微量元素 Cl 在高炉内的迁移变化规律和对高炉冶炼过程的影响进行系统的研究。

氯在煤中赋存形式有几种：氯以 Cl^- 阴离子形态与金属阳离子形成化合物，如氯化钠、氯化钾、氯化钙等；以游离的 Cl^- 离子形式存在于矿物颗粒之间的水溶液之中及煤层孔隙水溶液之中；氯离子半径与羟基（OH—）离子半径相近，它们可以取代羟基，存在于羟基化合物的晶格中；以 HCl 的形式与煤大分子中的含氮官能团结合[16]。

3.5.1 研究方法及设备

研究氯元素对煤粉在高炉风口区域燃烧过程的影响，所用实验设备有：空气压缩机 1 台、真空泵 1 台、10L 抽滤瓶 1 个、电热鼓风干燥箱 1 台、煤粉燃烧炉 1 台、控制用计算机 1 台。煤粉燃烧试验装置如图 3-1 所示。该试验装置模拟高炉风口的燃烧条件，以两段卧式电炉模拟热风炉加热空气，用燃烧炉模拟高炉风口的煤粉燃烧状况，将经过干燥的煤粉喷进燃烧炉中，进行煤粉燃烧率的测定。

将试验用煤放入 SC202 型烘箱内烘烤，为防止煤粉氧化及燃烧，烘箱温度设定为 80℃，待煤粉中的水分全部挥发出去后，将煤粉取出放入 FZ-2/100A 型密封式制样粉碎机进行磨碎制样，整个磨制时间大于 20min，然后将粉碎后的煤粉放在 XSZ-200 振筛机内振动筛分 30min，使粒度分级，根据试验方案配制成符合要求的混合煤粉。在试验室条件下模拟高炉喷煤条件，设定热风温度为 1050℃、风量为 $12m^3/min$、风压为 0.2MPa，燃烧炉温度设定为 1200℃。为保证试验的可比性，每个试验样品质量都为 200g，送粉时间控制在 6min。

试验中，送粉装置将煤粉随热风一起送入燃烧炉内，在燃烧炉中未完全燃烧的残余物随热风一起进入设置在燃烧炉下面的集灰槽中。用水将集灰槽中的残余物收集，放在抽滤瓶上用滤纸进行真空抽滤，然后对其进行化验分析，测出其中的灰分含量和未燃煤粉含量。

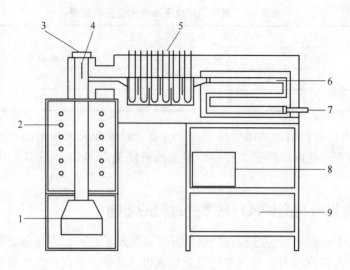

图 3 - 1 煤粉燃烧试验装置

1—集灰槽；2—硅碳棒；3—观察孔；4—喷煤孔；5—硅钼棒；

6—电阻丝；7—冷风入口；8—喷煤装置；9—炉架

煤粉在高炉风口条件下的燃烧过程中，煤粉的灰分是不可燃物质，不能进行燃烧，全部进入未燃煤粉中。因而，在高炉风口燃烧条件下，煤粉的灰分总量保持平衡。利用喷吹的煤粉量、煤粉的灰分含量、未燃煤粉的数量和灰分含量，根据灰分总量平衡就可以求出煤粉在高炉风口喷吹条件下的燃烧率。

根据参考文献 [16] 和 [17]，煤粉燃烧率的计算公式主要有两个，分别为：

（1）可燃物质平衡计算方法：

$$R_1 = 1 - \frac{W_1(1 - A_1)}{W_0(1 - A_0)}$$

（2）灰量平衡计算方法：

$$R_2 = 1 - \frac{A_0(1 - A_1)}{A_1(1 - A_0)}$$

式中　R_1，R_2——不同计算方法计算的煤粉燃烧率，%；.

　　　W_1——未燃煤粉的质量，g；

　　　W_0——喷吹煤粉的质量，g；

　　　A_1——未燃煤粉的灰分含量，%；

　　　A_0——煤粉燃烧前的灰分含量，%。

在试验过程中，喷进燃烧炉的实际煤粉量与计算所得的煤粉喷进量之间存在误差，因此使用可燃物质平衡计算法计算的煤粉燃烧率将偏大。为了保证用灰量平衡计算方法计算的煤粉燃烧率的精度，必须要求原煤和未燃煤粉的灰分分析绝对可靠，但原煤和未燃煤粉并不是非常均匀的，喷进燃烧炉的实际煤粉灰分与原煤灰分往往存在一定的差距，未燃煤粉的实际值与分析值也存在着差距，煤粉取样要有代表性。基于以上原因，为保证试验结果的准确性，用两个公式同时计算煤粉燃烧率，然后计算算术平均值，以煤粉燃烧率的算术平均值作为该种煤粉在煤粉燃烧炉中的燃烧率。

3.5.2　研究方案

本研究意在考查煤粉中氯元素对煤粉燃烧率的影响，因此，本实验只取一种无烟煤喷吹，试验用煤的基本性能见表3-7。根据氯元素在煤中的赋存状态，一是在煤粉中添加不同数量的 $CaCl_2$ 和 KCl，从而改变煤粉中氯元素的含量；二在燃烧过程中，在空气中配加部分 HCl，并研究其对燃烧率的影响。煤粉粒度组成统一为小于 0.074mm 的煤粉占 70%、0.074～0.149mm 的煤粉占 30%。具体的试验方案见表3-8。

表 3-7　试验用煤的基本性能

煤种	$Cl_{ad}/\%$	$FC_d/\%$	$A_d/\%$	$V_d/\%$	$S_{t,d}/\%$	$M_{ad}/\%$	$G_{R.L.}/\%$	$Q_{net,v,ad}/MJ·kg^{-1}$
无烟煤	0.0047	59.67	3.41	36.92	0.16	2.23	0	29.69

表 3-8　煤粉燃烧性能试验方案

煤中氯元素含量/%	风温/℃	喷煤量/g	备　注
0.0047	1050	164.1	原煤
0.0147	1050	167.6	配加 $CaCl_2$
0.0347	1050	173.9	配加 $CaCl_2$
0.0547	1050	173.0	配加 $CaCl_2$
0.0747	1050	176.4	配加 $CaCl_2$
1% KCl	1050	116.7	
3% KCl	1050	145.7	
5% KCl	1050	158.4	
7% KCl	1050	154.1	
5% KCl	1050	103.9	
7% HCl	1050	36.6	
5% HCl	1050	66.8	
3% HCl	1050	85.2	

3.5.3　煤中氯元素对燃烧率的影响

煤粉中添加氯化钙以后，煤粉的燃烧率实验结果如表3-9和图3-2所示。

表 3-9　添加氯化钙对煤粉燃烧性能的影响

$CaCl_2$ 添加比例/%	风温/℃	燃烧率/%
0	1050	74.90
1	1050	49.25
3	1050	52.52
5	1050	66.89
7	1050	67.12

煤粉中添加氯化钾以后，煤粉的燃烧率测定结果如表3-10和图3-3所示。

表 3-10 煤中添加氯化钾对煤粉燃烧性能的影响

KCl 添加比例/%	风温/℃	燃烧率/%
0	950	74.64
1	950	68.65
3	950	67.52
5	950	65.62
7	950	68.07

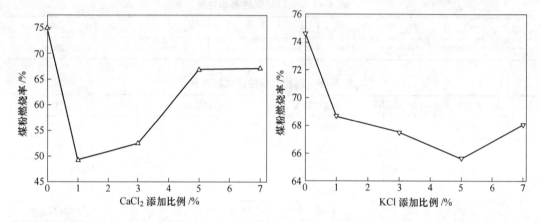

图 3-2 煤中添加氯化钙对煤粉燃烧率的影响   图 3-3 煤中添加氯化钾对煤粉燃烧率的影响

由表 3-9、表 3-10 和图 3-2、图 3-3 可以看出，煤中氯元素含量对煤粉的燃烧率是有影响的，其原因可能有以下几方面：

（1）煤中加入氯化钙、氯化钾使煤粉中的灰分增加，从而间接地降低了煤的碳含量，导致燃烧率的降低。

（2）根据煤粉燃烧理论，煤中有众多环状芳香族结构和少量直链状脂肪族结构，在一定温度下发生裂解，产生的气相物质离开煤表面，由于热分解挥发出的物质就成为挥发分。煤在高温燃烧过程中，煤中氯化合物将发生分解。氯化物在高温下大部分以 HCl、Cl_2 等气态挥发分形式排出，HCl 的析出贯穿煤的整个燃烧过程，对煤粉的燃烧有着重要影响。Howard 和 Essenhigh[18] 指出，在实际煤粉燃烧中，均相反应与多相反应同时进行。HCl 一方面从煤粉孔隙中析出，造成煤粉孔隙结构发生变化；另一方面 HCl 会在煤粉颗粒表面或空隙内部形成"保护"气氛。氯含量高，在煤粉燃烧过程析出的就多，析出的 HCl、Cl_2 跟氧气接触，阻止氧气与碳元素发生反应，影响煤粉的燃烧，煤粉燃烧率就会变低。

（3）煤粉的燃烧过程可分为挥发分的析出、挥发分燃烧、残焦燃烧三个阶段，且这三个阶段在整个煤粉燃烧过程中是交织在一起进行的。煤粉进入燃烧炉后，煤粉中的氯首先在高温下反应形成 HCl，且形成 HCl 的过程是吸热反应，反应吸热使煤粒周围温度降低，造成燃烧时间推迟。由于煤粉在燃烧炉内的燃烧是有限时间和有限空间的燃烧，上述现象的发生必然会造成煤粉中的残焦来不及完全燃烧，造成煤粉燃烧率降低。同时其他挥发分燃烧放出的热量，会反过来进一步促进煤粉颗粒燃烧，但煤粉中由于氯元素的存在而造成煤粉中的挥发分燃烧推迟，使其他挥发分对煤粉燃烧的促进作用减弱，这也是造成含有氯元素的煤粉燃烧率下降的一个原因。

（4）煤粉中的 HCl 在燃烧炉中属于不可燃物质，HCl 随煤粉进入燃烧炉后会黏附在煤粉颗粒表面周围，阻碍氧分子进入煤粉颗粒表面和煤粉内部的微气孔中与煤粉发生反应。同时黏附在煤粉颗粒周围的水分吸收大量 HCl 气体（HCl 极易溶于水）也会阻碍反应产物扩散向外扩散，这些都会降低煤粉中碳原子与氧分子的反应速率，从而使得煤粉燃烧率下降。

热风中氯化氢对煤粉燃烧性能的影响如表 3 - 11 和图 3 - 4 所示。由表 3 - 11 和图 3 - 4 可看出：

（1）由于氯化氢是以气体形式和空气混合后通入燃烧炉的，氯化氢进入燃烧炉后被黏附在煤粉颗粒周围的水分所吸收，HCl 会黏附在煤粉颗粒表面周围，阻碍氧分子进入煤粉颗粒表面和煤粉内部的微气孔中与煤粉发生反应。

（2）氯化氢和煤粉灰分中的氧化亚铁反应：$2HCl + FeO \rightleftharpoons FeCl_2 + H_2O$，产生的氯化亚铁具有超强的吸附作用，吸附在煤粉表面，影响煤粉中的碳与氧气反应，降低煤粉的燃烧率。

表 3 - 11　热风中氯化氢含量对煤粉燃烧性能的影响

热风中 HCl 的比例/%	风温/℃	燃烧率/%
0	950	74.64
4	950	78.82
8.6	950	55.81
18	950	79.13

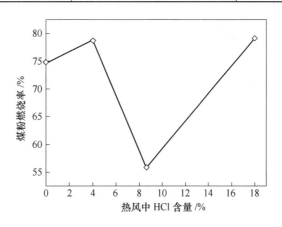

图 3 - 4　热风中氯化氢含量对煤粉燃烧性能的影响

总体来说，煤粉中的氯元素含量的增加对提高煤粉燃烧率是不利的，在一定范围内，煤粉中氯含量增加，煤粉的燃烧率会降低。煤粉在燃烧过程中析出氯化氢，这是一个吸热反应，使得煤粉颗粒周围温度降低，推迟燃烧时间，降低燃烧率；另一方面，氯化氢本身不会燃烧，煤粉燃烧过程中产生的氯化氢吸附在煤粉表面，阻挡了碳元素与氧气的结合，进一步降低了煤粉的燃烧率。

参 考 文 献

[1] 赵峰华, 任德贻, 张旺. 煤中氯的地球化学特征及逐级化学提取 [J]. 中国矿业大学学报, 1999 (1)：61～64.

[2] Anon. Cleaning up Chlorine [J]. Miner & Quarry. 1996, 25 (5)：33～38.

[3] 姜英. 我国煤中氯的分布及其分组标准 [J]. 煤质技术, 1998 (5)：7～8.

[4] 唐修义, 陈萍. 中国煤中的氯 [J]. 中国煤田地质, 2002, 14 (S1)：34～36.

[5] 何杰. 煤燃烧过程中氯化氢的排放特性研究 [D]. 杭州：浙江大学, 2002.

[6] Huggins F E, Huffman G P. Chlorine in Coal：An XAFs spectroscopic investigation [J]. Fuel, 1995 (74)：556～569.

[7] Rosa Martinez-Tarazona, Jose M Palacios, Jose M Cardin. The mode of occurrence of chlorine in high volatile bituminous coals from the asturian central coalfield [J]. Fuel, 1988 (67)：1624～1628.

[8] Rosa Martinez-Tarazona, Jose M Cardin. The indirect determinant of chlorine in coal by atomic absorption spectrophotometry [J]. Fuel, 1986 (65)：1705～1708.

[9] 陈维维. 分光光度法测定煤中氯 [J]. 浙江煤炭, 1984 (4)：29～32.

[10] 朱振忠. 煤中氯及其测定 [J]. 煤炭分析及利用, 1989 (4)：32～34.

[11] 习复兴. 硫氢酸汞比色法测定煤中的氯 [J]. 煤质技术与科学管理, 1991 (1)：24～26.

[12] 高干亮, 杨素芬. 高温燃烧水解：电位滴定法测煤种总氯 [J]. 煤炭分析及利用, 1996 (4)：48～53.

[13] 刘东艳, 张圆力. 间接电感耦合等离子体原子发射光谱法测定煤中氯 [J]. 分析化学, 1996, 24 (2)：244～248.

[14] 丁超然, 康萃文. 快速艾氏卡法测定煤中氯的试验研究 [J]. 水泥, 1985 (7)：24～26.

[15] 高干亮, 邱蔚. 煤中氯的测定方法, GB/T 3558—1996. 中国标准出版社总编室编, 中国国家标准汇编：1996 年修订 [M]. 北京：中国标准出版社.

[16] 高斌. 多种物料喷吹对煤粉燃烧率的影响 [J]. 炼铁, 1994, 12 (5)：21～24.

[17] 王蓉. 对煤粉燃烧与热解的试验研究 [D]. 杭州：浙江大学, 2005.

[18] Howard J B, Essenhigh R H. Mechanism of solid-partical combustion with simultaneous gas-phase volatiles combustion [J]. Symposium on Combustion, 1967, 11 (1)：399～408.

氯元素在煤粉燃烧过程中赋存状态的变化

4.1 煤中氯元素的赋存状态

氯元素究竟以何种赋存形态存在于煤中，国内外仍存在争议，煤中氯的赋存形式与成煤环境、煤种、煤层、产地、成煤植物、地质条件、地下水以及地热、地压等有紧密联系。国外研究者对于氯在煤中的存在方式持有各种不同的观点。早期的研究认为煤中的氯元素都是以碱金属氯化物的形式存在，可能存在少量的钙盐和镁盐氯化物。

Daybell 等[1]用沸水作为溶剂萃取煤中氯，认为煤中氯大部分是以氯离子形式存在，可以被其他阴离子取代，只有少部分以 NaCl 形式存在，K、Ca、Mg 的氯化物很少，煤在 200℃加热时释放出的 HCl，并不来源于 NaCl，原因是煤粉经过加热后煤中氯的存在形式发生变化。Edgcomb[2]采用水溶的方法研究 29 种煤（$w(Cl)$ 在 0.12% ~ 1.0% 之间），得到了比较相近的结论，煤中氯元素都可以被水萃取，但不是所有或大部分的氯以碱金属氯化物的形式存在，水中可溶的碱金属只等于 15% 的氯含量。煤在空气气流中 200℃加热，50% 以上的煤中氯以氯化氢的形式释放，认为这部分氯是以氯离子形式存在于煤的结构中。Cox[3]利用溶剂萃取法证明煤中氯 83% 是以无机氯化物形式存在，17% 是按离子交换机理以离子（Cl^-）形式存在于煤中，基本没有以共价键形式存在于煤中的氯。Frank 等[4]利用 X 射线吸收精细结构谱（XAFS）证明了氯主要以氯离子形式存在煤的水分中，通过有机离子，如极性含氮官能团或碱性羟基吸附在煤微孔和裂隙的表面，而且这些极性官能团与显微组分存在十分强的作用力，在加热时煤中氯以氯化氢的形式释放，在少量的煤中发现有较少的氯化钠晶体。Shao Dakang[5]采用热重 - 傅里叶红外 - 离子色谱联用技术（TG - FTIR - IC）发现在 300 ~ 600℃热解时氯化氢的释放与 NH_3 的释放规律非常相近，认为煤中氯与煤中氮的官能团以共价键形式结合在一起。Jimenez 等[6]针对西班牙煤来研究氯在镜煤、亮煤和相关地层中的分布，认为氯与煤中有机部分有关，某些煤样含有以氯化钠和氯化钾形式存在的氯。Martinez-Tarazona 等[7]采用电镜扫描（SEM）和 X 衍射（EDX）研究西班牙中部和阿斯图利雅中部煤田的两种高挥发分褐煤中氯的存在形式，认为氯含量与煤的灰分成反比，主要与煤中有机物有关，大部分氯存在于煤的晶格里。

我国的煤基本属于低氯煤和特低氯煤，关于煤中氯的赋存状态的研究还不是很多。赵峰华[8]认为煤中有机态的氯可能有以下 3 种形式：（1）以 HCl 的形式与煤大分子中的含氮官能团结合；（2）通过金属离子与煤大分子中的含氧官能团形成外轨配合物；（3）氯元素直接与煤有机大分子结合在一起。具体的结合机理还没有深入研究。梁汉东[9]指出迄今在化学上有机氯化物几乎都是源于人工合成的。在采用高性能静态飞行时间二次离子质谱研究贵州六枝矿区 K3 煤层的超高硫无烟煤时，首次在煤中发现分子氯的团簇负离子，从此获得分子氯在原煤中存在的实验证据。中国矿业大学王晓华等[10]依次用 8 种不同极性的溶剂（包括混合溶剂）对 6 种煤样进行分级彻底萃取，并用 GC/MS、GC/FTIR 对各级萃取物的组成进行分析，首次从煤中检测出相邻二氯苯、2，4，6 – 三氯苯胺、3.3 – 六氯联苯、4.4 – 六氯联苯、5.5 – 六氯联苯、2 – 氯代环己醇、氯胺酮、4 – 氯代双苯酮等 8 种有机氯的存在形式。浙江大学[11]的研究人员分析了各种煤中氯含量与可燃基挥发分的关系、氯含量与灰分的关系。研究结果显示：煤中氯含量与可燃基挥发分的关系显得杂乱无章，而煤中可燃基挥发分的主要成分为有机物，说明煤中氯含量与煤中有机物的关系不大。煤中氯含量数据分布与煤中灰分数据分布也较为分散，某些煤中氯含量随灰分的增加有升高趋势。对 18 种煤样进行灰成分测定，把灰中的 K_2O 和 Na_2O 及两者之和与煤中氯元素进行了关联，也未发现其中的规律性。说明煤中氯含量的分布规律较难确定。

总体来说，氯在煤中赋存形式有以下 4 种：（1）氯以 Cl^- 阴离子形态与金属阳离子形成化合物，如氯化钠、氯化钾、氯化钙等；（2）以游离的 Cl^- 离子形式存在于矿物颗粒之间的水溶液之中及煤层孔隙水溶液之中；（3）氯离子半径与羟基（OH—）离子半径相近，它们可以取代羟基，存在于羟基化合物的晶格中；（4）以 HCl 的形式与煤大分子中的含氮官能团结合。

4.2 煤中氯元素的释放特性

煤在高温燃烧或热解过程中，煤中氯化合物将发生分解。氯化物在高温下大部分以 HCl、Cl_2 等气态污染物形式排出，严重腐蚀锅炉、管道和烟气净化等设备，有些高氯煤直接燃烧会产生以多氯二苯并二噁英（PCDDS）和多氯二苯并呋喃（PCDFS）等为代表的各种有机氯化物（致癌、致畸、致突变），并造成大气污染和生态环境的破坏。

虽然煤中的氯含量非常低，但世界燃煤量却不断增加，氯化物的排放量也将不断增加。欧洲排放的 HCl 有 75% 来自于燃煤过程，是环境中 HCl 污染的最大人为来源[12]。而我国更是世界上最大的产煤和燃煤的大国，从 2008 年后，我国产煤已经不能满国内需求，我国能源消耗 90% 用于原煤的直接燃烧，因此，HCl 的排放量更是不容忽视。因此，了解煤中氯元素的释放特性是一件很有意义的工作，这将对煤炭资源的合理、洁净利用作出贡献。

国内外学者都对煤中氯在煤热解、燃烧时的析出特性及分布特征进行了大量的研究，分析了各因素对氯释放的影响。

4.2.1 温度对煤中氯元素释放的影响

温度对煤中氯元素的释放有重要影响。从 200℃ 开始以 HCl 的形式释放。在研究美国 Illi – nois 高氯煤热解的氯排放特性时，应用热分析 – 红外光谱 – 离子色谱（TG – FTIR – IC）联用技术，发现在热解过程中 90% 以上的氯在 300 ~ 600℃ 温度范围内以 HCl 的形式释放，在 440℃ 时排放速率最大[13]。在应用 TGA – FTIR 技术研究煤燃烧过程中氯的释放特性时得到了相似的结论，80% 以上的煤中氯以 HCl 形式在温度 400℃ 之前析出[13]。

虽然煤中氯赋存形式目前仍不清楚，温度对煤中氯的释放有着重要影响，燃烧温度影响着煤中氯以 HCl 析出，随温度升高转化率增加，煤燃烧过程中 HCl 在 200℃ 时已开始析出，500℃ 时 Cl – HCl 转化率达 90%，说明 500℃ 时煤中氯大部分析出，高于 500℃ 煤中氯的析出速率明显变缓，而在1200℃时转化率达95%以上。在温度200~300℃范围内氯析出比较高，当温度大于500℃后，Cl的析出减弱。在温度大于1000℃又出现Cl的析出。煤加热过程出现了2个明显的Cl析出区间，200~500℃范围析出为有机氯或水溶态的氯，1000~1100℃范围析出为无机态的氯。

煤的燃烧过程中氯的释放特性与煤的热解的氯排放特性的关系：低于600℃时，煤燃烧时，煤层表面发生煤的氧化反应，生成CO_2和H_2O，其中的氯会同时水解与这些气体产物一起被气流带走。而热解时，煤不发生氧化反应，其中的氯会从煤的大分子上脱离下来，而无机盐类的氯的气化要更高的温度，加之成焦的过程形成的小孔的封闭作用，使氯的总释放率比燃烧过程低得多。但高于600℃时，燃烧时两种煤样的释放率非常接近。

4.2.2 燃烧气氛对煤中氯元素释放的影响

燃烧气氛对煤中氯的转化没有太大的影响。Edgcomb[2]分别在干空气和氮气气氛中研究29种煤（氯含量为0.2%~1.0%）中氯的释放特性，发现在干空气中200℃加热24h，超过50%的氯是以氯化氢的形式释放，而在氮气中无氯化氢释放。但随后的研究更正了这种看法，并指出在氮气中加热某些煤也有氯化氢气体释放，对英国煤（0.35%~0.80%）在氮气（He）和较温和的加热条件下煤中氯的释放特性的研究表明，40%~60%的煤中氯以氯化氢的形式析出，与原煤氯含量无关。浙江大学[14]研究：煤燃烧过程中存在氧化性与还原性的交变气氛：在氧化性气氛条件下（O_2流量200~400mL/min），随氧气流量的增加，煤中氯的转化率增加不多，O_2的流量对氯化氢生成影响很小；当O_2流量低于200mL/min时，炉内呈还原性气氛，随O_2流量降低，煤中氯转化率明显下降，对氯化氢生成有一定影响。

煤中氯化氢的释放特性与煤中H_2O、CO_2、SO_2和NH_3的析出有关。英国高氯煤燃烧时氯化氢的第一和第二析出峰的温度范围及最大温度点分别与水的第二、第三析出峰基本一致，说明氯化氢的析出与水的析出存在某种内在的联系。氯化氢的第二析出峰与对应的二氧化碳、二氧化硫和水分的析出峰温度区间、位置基本上一致，同时这些析出的峰值温度与DTG的T_{max2}一致。煤中氯加热时氯化氢的释放特性与NH_3的释放特性相似[13]。

4.2.3 煤的变质程度和粒度对煤中氯元素释放的影响

对英国和美国不同变质程度高氯煤的TGA – MS[13]试验表明，在燃烧过程中不同煤种的氯析出特性基本相似。MS谱图共有三个析出峰，氯化氢的第一个析出峰与煤中氯含量、煤种及煤的变质程度无关，所有的煤种基本上在200℃开始析出氯化氢，300℃左右达到最大值。这表明该析出过程是一个热作用过程，该过程析出的氯主要是以氯离子形式吸附在煤的微孔及内在裂隙里。氯化氢的第二个析出峰的温度是随着煤的变质程度的增加而增大，这表明该析出峰与煤的有机结构有一定关系，即氯是以键的形式与煤的有机结构相连，并要在足够高的温度下才能从煤的结构上断裂析出。第三个氯化氢的析出峰，一般都很小，不是所有的煤种都有，其析出与煤中无机物有关。

另外，不同粒度煤的TGA – FTIR结果表明，煤的粒度越小，HCl从煤中析出的温度就会越低[13]。

4.3　HCl 测试分析方法的研究

4.3.1　实验设备及方法

实验设备为密封的石英加热反应管，其结构示意图如图 4 – 1 所示。石英管的内径 18mm，长 720mm 加热恒温带 100mm。石英管水平放置在采用恒温控制的电阻炉中，盛有少量煤粉（200mg）和适量石英砂的瓷舟中（长 77mm，高和宽各 10mm），待石英管加热到设定温度时，快速推入管中。石英管一端通入氧气（500mL/min），另一端采用吸收液采集 HCl 气体。管内温度由铂铑 – 铂热电偶测得并由 KSY 型温度控制器控制，管内反应气氛可通过调节 O_2、N_2 等气体的流量来调节。

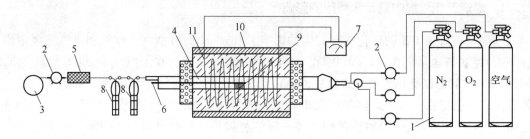

图 4 – 1　石英加热反应管结构示意图

1—气瓶；2—流量计；3—抽气泵；4—石英管反应器；5—过滤器；6—HCl 吸收瓶；7—控温装置；
8—热电偶；9—反应皿；10—保温层；11—加热电炉

4.3.2　实验用煤

研究所用煤的工业分析、黏结性指数和低位发热量见表 4 – 1。

表 4 – 1　试验用煤的工业分析、黏结性指数和低位发热量

煤样名称	$Cl_{ad}/\%$	$FC_d/\%$	$A_d/\%$	$V_d/\%$	$S_{t,d}/\%$	$M_{ad}/\%$	$G_{R.L}/\%$	$Q_{net,v,ad}/MJ \cdot kg^{-1}$
府谷煤	0.0047	59.67	3.41	36.92	0.16	2.23	0	29.69

4.3.3　HCl 的离子色谱法分析

综观国内外煤中氯测定方法的研究和使用现状，目前应用较多的是艾氏卡法、高温燃烧硫氰酸汞比色法和高温水解法。本节重点介绍高温水解 – 离子色谱法，也是本实验煤中 HCl 的测定方法。高温燃烧水解法具有如下优点：

（1）煤中氯化物分解完全，能实现煤中氯化物的定量转化。

（2）所得的样品溶液中离子成分简单、干扰较小、空白值低。

（3）适用的煤种范围广，不受煤中灰分的限制，可广泛适用于石煤到无烟煤各个煤种，也适用于燃煤灰、渣中氯的测定。

（4）测量精度高，重复性和再现性好。

（5）测量程序可控制性强，测定时间较短。利用双管定碳炉可实现双样品同时测量，

大大缩短测定时间。

（6）测定装置通用性强，改装后可方便地建立固定床管式炉燃烧实验台，应用于采用固相法、气相法进行燃煤氯析出和燃烧固氯的试验研究，是一种理想的一台多用、集多功能于一身的多功能燃烧实验平台。

离子色谱法测定氯离子是利用离子交换原理进行分离，由抑制柱抑制淋洗液，扣除背景电导，然后利用电导检测器进行测定，根据混合标准溶液中氯离子析出峰的保留时间以及峰高定量测定样品溶液中的氯离子浓度，是大气降水中氯离子标准检测方法（JY/T 020—1996）[15]。将吸收好的碱片样品溶液注入离子色谱仪，基于待测阴离子对低容量强碱性阴离子交换树脂（交换柱）的相对亲和力不同而彼此分开。被分离的阴离子随淋洗液流经强酸性阳离子树脂（抑制柱）时，被转换为高电导的酸型，本实验淋洗液组分（$NaHCO_3 - Na_2CO_3$），则转变成电导率很低的碳酸（清除背景电导），用电导检测器测定转变为相应酸型的阴离子，与标准溶液比较，根据保留时间定性，峰高或峰面积定量[16]。离子色谱法测量精度高，它要求根据烟气中 HCl 浓度的不同，使用不同种类、不同浓度的吸收液，因此要对吸收液进行选择。

本实验分析烟气中的 HCl 采用 $NaHCO_3 - Na_2CO_3$ 吸收液。将吸收好的碱片样品溶液注入离子色谱仪，基于待测阴离子对低容量强碱性阴离子交换树脂（交换柱）的相对亲和力不同而彼此分开。被分离的阴离子随淋洗液流经强酸性阳离子树脂（抑制柱）时，被转换为高电导的酸型，淋洗液组分（$NaHCO_3 - Na_2CO_3$）则转变成电导率很低的碳酸（清除背景电导），用电导检测器测定转变为相应酸型的阴离子，与标准溶液比较，根据保留时间定性，峰高或峰面积定量[16]。选取表 4 - 1 所列煤样进行 HCl 排放实验，计算得出，当吸收液为 $NaHCO_3 - Na_2CO_3$ 时，平行样的数据非常好，几次实验相差不到 2%，而且用该吸收液测得的 HCl 排放率最高，都在 90% 以上。由此，对煤燃烧过程中氯化氢的析出实验，采用 $NaHCO_3 - Na_2CO_3$ 溶液作吸收液。

离子色谱法测量精度高，要求根据烟气中 HCl 浓度的不同，使用不同浓度的吸收液，因此要对吸收液的浓度进行选择。离子色谱仪型号为美国的 DionexModel - 120 型，煤样 1g，石英砂 0.5g，管温为 1000℃，通入氧气 O_2 500mL/min，停留时间 30min。添加不同含氯试剂的煤样及燃灰中 Cl 含量的检测结果见表 4 - 2。

表 4 - 2　煤及灰中氯含量　　　　　　　　　　　　（%）

煤　样	氯离子含量
原煤	0.0047
原煤燃烧后的未燃煤粉	0.0028
添加 1% 氯化钙燃烧后的未燃煤粉	0.0049
添加 3% 氯化钙燃烧后的未燃煤粉	0.0088
添加 5% 氯化钙燃烧后的未燃煤粉	0.0536
添加 7% 氯化钙燃烧后的未燃煤粉	0.0299
添加 1% 氯化钾燃烧后的未燃煤粉	0.012
添加 3% 氯化钾燃烧后的未燃煤粉	0.020
添加 5% 氯化钾燃烧后的未燃煤粉	0.052

煤　　样	氯离子含量
添加7%氯化钾燃烧后的未燃煤粉	0.058
添加8.6%氯化氢燃烧后的未燃煤粉	0.047
添加4%氯化氢燃烧后的未燃煤粉	0.031
添加5%氯化钾燃烧后的未燃煤粉	8.97（干灰）

4.4　煤中氯燃烧过程中燃烧转化及分异规律

4.4.1　煤中氯燃烧过程中燃烧转化

氯是具有强挥发性的元素，在燃烧过程中绝大部分煤中氯挥发或升华到气相将以 HCl 气态污染物的形式释放，也有少量以 NaCl、KCl 等形式释放。温度对煤中氯的释放有重要影响，研究结果基本认为煤中氯从 200℃ 开始以氯化氢的形式释放，在温度范围 300 ~ 600℃ 内时，90% 以上的煤中氯以氯化氢形式释放，在 440℃ 时排放速率最大[5,13]，温度 400℃ 之前 80% 以上的煤中氯析出，煤粒度越小，煤中氯释放初始析出温度和最大析出温度越高[13]。燃烧温度对煤中氯在底灰和飞灰中分布也有重要作用，低温有利于氯在灰中残留[17]。燃烧气氛对煤中氯的转化没有太大的影响，干空气中 200℃ 加热 24h，超过 50% 的氯以氯化氢形式释放，在氮气中无氯化氢释放[3]，然而随后的研究提出氮气中加热某些煤也有氯化氢释放[1]。不同变质程度高氯煤的 TGA – MS 试验表明，在燃烧过程中煤种的氯析出特性基本相似[18]。煤加热过程中氯化氢的析出特性与水分的析出有密切的关系，与二氧化碳、二氧化硫和氨的析出有关[13]。

煤燃烧是一种放出大量热量的复杂的氧化反应。在煤燃烧过程中，煤中赋存的各种形态的氯化物将在高温条件下发生一系列复杂的物理变化和化学变化，生成并析出气态氯化物。煤在燃烧过程中可能发生的反应（以 KCl 为例）：

$$Cl_2 + H_2O \rightleftharpoons 2HCl + 1/2O_2$$

$$KCl + 1/2H_2 \rightleftharpoons K(g) + HCl$$

$$2KCl(g) + SiO_2 + H_2O \rightleftharpoons K_2SiO_3 + 2HCl$$

$$KCl(g) + H_2O \rightleftharpoons KOH + HCl$$

$$2KOH + SO_2 + 1/2O_2 \rightleftharpoons K_2SO_4 + H_2O$$

$$2KCl(g) + SO_2 + 1/2O_2 + H_2O \rightleftharpoons K_2SO_4 + 2HCl$$

$$CaCO_3 + 2HCl \rightleftharpoons CaCl_2 + H_2O + CO_2$$

$$Ca(OH)_2 + 2HCl \rightleftharpoons CaCl_2 + 2H_2O$$

$$CaO + 2HCl \rightleftharpoons CaCl_2 + H_2O$$

$$Fe_2O_3 + 6HCl \rightleftharpoons 2FeCl_3 + 3H_2O$$

$$Fe_3O_4 + 8HCl \rightleftharpoons FeCl_2 + 2FeCl_3 + 4H_2O$$

$$CaO + SO_2 + 1/2O_2 \rightleftharpoons CaSO_4$$

4.4.2　煤中氯燃烧过程中分异规律

煤在燃烧过程中，煤中氯元素除大部分以气态氯化物形式排入大气外，也有相当部分以固态形式转入飞灰和未燃煤粉中。研究煤中氯在燃烧产物中的分布与燃烧转化及分异规律的行为特征，对于评价喷吹煤对高炉原燃料冶金性能的影响，减少和控制氯对高炉设备的腐蚀，显然具有重要的意义。为此本节对燃煤过程中煤中氯在飞灰、未燃煤粉和气态氯三种燃烧产物中的分布特征进行了试验研究。

煤中氯在燃烧产物中的总量分配根据质量平衡原理计算。煤中氯在燃烧过程中的质量平衡式为：

$$M_c = M_f + M_u + M_a$$

式中　M_c——煤中氯总量；

　　　M_f——飞灰中含氯总量；

　　　M_u——底灰中含氯总量；

　　　M_a——气态氯总量。

M_c、M_f 及 M_u 由煤、飞灰、底灰氯含量与飞灰、底灰占燃煤质量的百分数计算得到，M_a 则由差减法获得。各燃烧产物中氯分配比例按如下公式计算：

$$R_f = M_f / M_c \times 100\%$$

$$R_u = M_u / M_c \times 100\%$$

$$R_a = (1 - R_f - R_u) \times 100\%$$

式中　R_f，R_u，R_a——分别表示飞灰、未燃煤粉和气态氯占煤中氯总量的质量百分比。

煤燃烧固态产物飞灰、底灰和烟气中气态氯的精确、可靠测定是煤中氯燃烧转化分异规律和高炉氯危害控制技术研究的重要环节。经过对多种测定方法的研究比较，本试验模拟高炉风口的燃烧条件，应用燃烧炉收集灰及未燃煤粉，并用收集到的灰及未燃煤粉进行离子色谱化验。

4.5　研究结果及分析

表 4-3 所列是煤粉经过燃烧炉燃烧后的试验数据。由表 4-3 可以看出：煤粉经过燃烧炉燃烧后，大部分以气态 HCl 形式排入大气外，经过集灰槽时被水吸收（HCl 极易溶于水，灰水的 pH 值随着煤中氯含量增加，逐渐变小），也有相当部分以固态形式转入飞灰和未燃煤粉中。

经计算得出煤粉在燃烧炉中燃烧氯元素的动态分布见表 4-4。可以看出煤中氯在燃烧炉中燃烧，90% 以上氯元素以气态 HCl 形式进入高炉，5% 左右的氯以灰分形式进入炉渣，少量的氯元素进入未燃煤粉。

表 4-3　煤粉燃烧试验数据

煤　样	喷煤量/kg·$t_{铁}^{-1}$	灰及未燃煤粉氯含量/%	pH 值
原煤	—	0.0047	—
原煤燃烧后的未燃煤粉	164.1	0.0028	7.5
添加 1% 氯化钙燃烧后的未燃煤粉	167.6	0.0049	7.2
添加 3% 氯化钙燃烧后的未燃煤粉	173.9	0.0088	7.0
添加 5% 氯化钙燃烧后的未燃煤粉	173.0	0.0536	6.7
添加 7% 氯化钙燃烧后的未燃煤粉	176.4	0.0299	6.0

煤 样	喷煤量/kg·t$_{铁}^{-1}$	灰及未燃煤粉氯含量/%	pH 值
添加1%氯化钾燃烧后的未燃煤粉	116.7	0.012	7.2
添加3%氯化钾燃烧后的未燃煤粉	145.7	0.020	6.5
添加5%氯化钾燃烧后的未燃煤粉	158.4	0.052	5.8
添加7%氯化钾燃烧后的未燃煤粉	154.1	0.058	7.0
添加4%氯化氢燃烧后的未燃煤粉	85.2	0.031	3.0
添加8.6%氯化氢燃烧后的未燃煤粉	66.8	0.047	2.3
添加5%氯化钾燃烧后的未燃煤粉	103.9	8.97（干灰）	—

表4-4　燃烧炉中煤粉中氯元素的动态分布

煤中氯/g	飞 灰		未燃煤粉		气态 HCl	
	氯含量/g	R_f/%	氯含量/g	R_u/%	氯含量/g	R_a/%
1.4641865	0.085347	5.83	0.0035516	0.24	1.3752879	93.93

由于煤中氯含量较少，并且氯是一种化学性质非常活泼的元素。因此，煤中氯的测定被公认为是十分困难和具有挑战性的工作。一般分为煤中氯的直接测定方法和煤中氯的间接测定方法。本实验煤中氯的测定采用间接方法中的离子色谱法，离子色谱法具有适用的煤种范围广，测量精度高，测量程序可控制性强，测定时间较短等优点。研究发现，煤粉在高炉风口燃烧，煤中的氯元素除90%以上以气态氯化氢形式进入高炉，少部分以固态形式转入飞灰和未燃煤粉中[19]。

参 考 文 献

[1] Daybell G N, Pringle W J. The mode of occurrence of chlorine in coal fuel [J]. 1958 (37): 282~292.

[2] Edgcomb L J. State of combination of chlorine in coal-extraction of coal with water [J]. Fuel, 1956 (35): 38~48.

[3] Cox J A. Chemical, extraction-based and ion chromatographic methods for the determination of chlorine in coal. In: Stringer J, Banerjee D D, eds. Science and Technology, Amsterdam, Elsevier Science Publishers, 1991 (17): 31~38.

[4] Huggins F E, Gerald P Huffman. Chlorine in coal: an XAFs spectroscopic investigation [J]. Fuel, 1995, 74 (4): 556~569.

[5] Shao Dakang, Hutchinson E J, Cao Haibin, et al. Behavior of chlorine during coal pyrolysis [J]. Energy and Fuel, 1994 (8): 399~401.

[6] Jimenez A, Artinez-Tarazona M R, Suarez-Ruiz I. The mode of occurrence and origin of chlorine in puerto llano coal (Spain) [J]. Fuel, 1999 (78): 1559~1565.

[7] Artinez-Tarazona M R, Palacios J M, Cardin J M. The mode of occurrence of chlorine in high volatile bituminous coals from the asturian central coalfield [J]. Fuel, 1988 (167): 1624~1628.

[8] 赵峰华，任德贻，张旺. 煤中氯的地球化学特征及逐级化学提取 [J]. 中国矿业大学学报，1999 (1): 61~64.

［9］梁汉东．中国典型超高硫煤有机相中分子氯存在的实验证据［J］．燃料化学学报，2001（5）：385～389．

［10］王晓华．煤的溶剂分级萃取与萃取物的组成结构分析［D］．北京：中国矿业大学（北京），2002．

［11］徐旭，蒋旭光，何杰，等．煤中氯赋存形态与释放特性的研究进展［J］．煤炭转化，2001，24（2）：1～5．

［12］姜英．我国煤中氯的分布及其分组标准［J］．煤质技术，1998（5）：7～8．

［13］李寒旭，潘伟平．Jenniffer K1 TGA－MS 联用技术对煤燃烧过程中氯的脱除特性研究［J］．煤炭转化，1996，19（3）：34～39．

［14］王蓉．对煤粉燃烧与热解的试验研究［D］．杭州：浙江大学，2005．

［15］国家环境保护局．水和废水监测分析方法［M］．北京：中国环境科学出版社，1997．

［16］程秉柯．空气和废气污染监测分析方法［M］．北京：中国环境科学出版社，1990：396～398．

［17］Gluskoter L J. Electronic low－temperature ashing of bituminous coal［J］. Fuel, 1965（44）：285～291.

［18］李寒旭，潘伟平，杨晓东．煤粒度及变质程度对煤燃烧过程时氯的析出特性的影响［J］．煤炭转化，1997，20（3）：68～73．

［19］胡宾生，贵永亮，张学飞，等．氯对高炉喷吹煤粉燃烧过程的影响［J］．冶金能源，2012，31（1）：42～45．

5　高炉煤气中 HCl 的脱除

高炉煤气管道中 HCl 的赋存状态随着高炉煤气温度变化呈两种不同的状态。HCl 具有极易溶于水的特点，在高炉煤气温度低于露点的地方，高炉煤气管道有冷凝水形成，HCl 进入冷凝水形成盐酸溶液；在高炉煤气温度高于露点的地方，高炉煤气中 HCl 呈气体状态存在于高炉煤气中。

高炉煤气温度低于露点的地方，进入冷凝水中的 HCl，可以形成浓度很高的盐酸溶液。以某高炉为例，TRT 出口温度约 70℃ 时，水蒸气可能在管壁上结露，氯离子很高并形成酸性溶液[1]。关于水蒸气结露的问题，计算露点温度、描述和计算凝结现象和浓缩浓度的方法已经成熟，国内外相关研究表明随着水含量的增加，有氯的水蒸气露点逐渐升高[2~5]。

5.1　高炉煤气中 HCl 的危害

5.1.1　高炉煤气中的 HCl 对管道及设备的影响

HCl 气体是活性极强的气态腐蚀介质。高温下 HCl 和 Fe、FeO、Fe_3O_4 和 Fe_2O_3 发生的一系列化学反应，具体反应见化学反应方程式（5-1）~式（5-9）：

$$Fe + 2HCl \longrightarrow FeCl_2 + H_2 \tag{5-1}$$

$$2Fe + 6HCl \longrightarrow 2FeCl_3 + 3H_2 \tag{5-2}$$

$$4FeCl_3 + 3O_2 \longrightarrow 2Fe_2O_3 + 3Cl_2 \tag{5-3}$$

$$4FeCl_2 + 3O_2 \longrightarrow 2Fe_2O_3 + 4Cl_2 \tag{5-4}$$

$$Fe_2O_3 + 6HCl \longrightarrow 2FeCl_3 + 3H_2O \tag{5-5}$$

$$4FeCl_3 + O_2 \longrightarrow 2FeCl_3 + 2FeOCl \tag{5-6}$$

$$4FeOCl + O_2 \longrightarrow 2Fe_2O_3 + 2Cl_2 \tag{5-7}$$

$$FeO + 2HCl \longrightarrow FeCl_2 + H_2O \tag{5-8}$$

$$Fe_3O_4 + 2HCl + CO \longrightarrow 2FeO + FeCl_2 + H_2O + CO_2 \tag{5-9}$$

通过化学反应方程式（5-1）~式（5-9）可以看出，HCl 气体的存在可使金属表面保护膜（Fe_3O_4、FeO、Fe_2O_3）发生化学反应从而遭到破坏，加大了气态腐蚀介质 O_2、Cl_2、SO_x 和 HCl 等向基体界面的传递速率而直接影响腐蚀基体金属。此外，生成的 $FeCl_3$ 可能继续与 O_2 等反应。据试验研究表明，化学反应方程式（5-3）和式（5-4）挥发的过程符合动力学过程，使保护膜层中产生空隙，会使金属表面的保护膜变得疏松，从而大大降低活性气态腐蚀介质 HCl 从基体金属表面保护膜向基体金属界面的传递阻力，同时使 HCl 腐蚀后生成的反应产物更易分离和脱落，加速了金属铁的腐蚀过程。

高炉煤气中的 HCl 不仅对金属铁造成腐蚀，还可能在高温条件下对 Cr_2O_3 保护膜造成腐蚀和破坏：

$$Cr_2O_3 + 4HCl + H_2 \longrightarrow 2CrCl_2 + 3H_2O \tag{5-10}$$

$$2Cr_2O_3 + 4Cl_2 + O_2 \longrightarrow 4CrO_2Cl \tag{5-11}$$

$$2Cr_2O_3 + 8NaCl + 5O_2 \longrightarrow 4Na_2CrO_4 + 4Cl_2 \tag{5-12}$$

$$4CrCl_2 + 3O_2 \longrightarrow 2Cr_2O_3 + 4Cl_2 \tag{5-13}$$

当 NaCl 与硫化物共存时，腐蚀带来的影响会更加显著。通过化学反应方程式
（5-14）~式（5-16）可以看出，当 NaCl 和硫化物共存时，在 O_2 或 H_2O 存在的条件下，
NaCl 发生化学反应后，生成了硫酸盐、HCl 和 Cl_2，O_2 或 H_2O 的存在加速了高温腐蚀反应
的进程。

$$2NaCl + SO_3 + H_2O \longrightarrow Na_2SO_4 + 2HCl \tag{5-14}$$

$$2NaCl + SO_2 + O_2 \longrightarrow Na_2SO_4 + Cl_2 \tag{5-15}$$

$$4NaCl + 2SO_2 + 2H_2O + O_2 \longrightarrow 2Na_2SO_4 + 4HCl \tag{5-16}$$

目前对高温氯腐蚀机理的研究仍然处于初级阶段，其他元素及化合物的存在对氯的转
化的影响及其化合物对金属的腐蚀机理研究尚未成熟[6,7]。氯的分解产物及腐蚀产物对进
一步腐蚀的影响还没有详细深入的报道。

5.1.2　高炉煤气中的 HCl 对干法除尘过程的影响

高炉煤气中的 HCl 对干法除尘的影响在高炉煤气系统的各个部分均有体现，主要表
现为：

（1）HCl 引起结垢腐蚀 TRT 叶片。HCl 与 NH_3 在 TRT 的机组流道和叶片出现快速结
垢现象，结垢的主要成分为 NH_4Cl 和 $FeCl_3$ 与灰的结晶（称为积盐），叶片上部分结垢物
的掉落会导致 TRT 叶片受力不均匀，产生振动，影响 TRT 的正常运行。

（2）HCl 引起结垢降低布袋除尘器效率。高炉煤气中的 NH_3 和 HCl 结合成 NH_4Cl 固
体，与部分小于 $5\mu m$ 的灰尘颗粒形成混合物积存在煤气管道中，经过布袋除尘器时，黏
结在布袋的工作表面，影响布袋正常工作的透气性，降低布袋除尘器的除尘效率，增加了
布袋除尘器的检修工作量。

（3）HCl 腐蚀不锈钢波纹补偿器。唐钢煤气冷凝水显酸性，pH 值在 5 左右，其中的
氯离子含量在 1000~1500mg/L 范围区间内[8]，氯离子含量远远超过美国合成氨公司确定
的 500mg/L。该公司认为 500mg/L 是 316 不锈钢避免孔蚀和应力腐蚀开裂一个合理的限
度，何况煤气管道采用的并非耐腐蚀性能较强的不锈钢。煤气管道内部由于煤气中固体小
颗粒摩擦，无法保持设备金属表面清洁，微生物污垢无法及时清除更加重了本来就不堪重
负的防腐工作。而部分企业的酸腐蚀更为严重，如济钢测得冷凝水 pH 值在 1~2
之间[9~16]。

（4）HCl 结垢堵塞管道。HCl 引起粉尘在管道中聚集、结垢，影响用户正常生产，降
低炉窑效率。当高炉煤气温度低于露点时，高炉煤气中饱和水冷凝析出，煤气中粉尘聚集
黏结在一起，其中氯元素以离子形式存在于凝结水中。结垢原因是凝结水没有及时被排
放，氯离子和钙离子、镁离子等离子形成盐溶液，以黏结物形式黏附在煤气管壁上，积累
并吸收煤气中灰尘，形成层状结垢，导致煤气管道阻力增加，严重时影响用户正常生产。
HCl 引起粉尘聚集的表现形式为局部管段波状积灰，据报道可达 800mm[8]。对于高炉煤气
这种含尘量很高的气体，很容易积灰并影响下游用户的正常使用。在高炉煤气温度低于露

点温度的地方，HCl 气体容易腐蚀金属管道，腐蚀后的地方容易引起管道金属成片脱落，累积大颗粒灰尘，引起管道堵塞。

利用干法除尘的高炉煤气，在为热风炉加热的过程中，氯元素随着高炉煤气进入热风炉。高炉煤气温度低于露点的地方，高炉煤气中饱和水冷凝析出，煤气粉尘中氯元素以离子形式存在于凝结水中，水中氯离子和钙离子、镁离子等离子形成盐溶液，以黏结物的形式黏附在煤气管壁上，积聚煤气中的灰尘，形成层状结垢，在煤气系统管道及附属设备上形成积灰，造成管道堵塞、炉窑格子砖堵塞等，导致炉窑效率降低。

5.1.3　高炉煤气中的 HCl 对环境的影响

HCl 和 SO_2、NO_x 的大量排放是形成酸雨的主要原因。酸雨具有较大危害，危害表现为较多方面，主要包括对人体健康、生态系统和建筑设施等方面。酸雨的危害除了对生物和建筑等直接的危害，还对人类具有潜在的危害。例如，酸雨可使儿童免疫功能下降，慢性咽炎、支气管哮喘发病率增加，同时可使老人眼部、呼吸道患病率增加。

酸雨危害植物的正常生长。酸雨可使露天生长的人工农作物大幅度减产，特别是小麦，在酸雨影响下，可减产 13% ~ 34%。大豆、蔬菜等农作物也容易受酸雨危害，导致蛋白质含量和产量都有不同程度的下降。酸雨对非人工种植的森林和其他植物危害也较大，可以使森林和其他植物叶子枯黄、病虫害加重，最终造成植物的大面积死亡。HCl 危害植物的原因之一是破坏植物细胞液的 pH 平衡，造成酸性伤害。HCl 与水结合形成次氯酸，次氯酸是一种强氧化剂，能使某些细胞内含物氧化、漂白，使细胞正常代谢功能受破坏，尤其使叶绿素遭到破坏。其带来的急性伤害可在短时间内使植物叶片变软，组织坏死，坏死组织脱水变干。慢性伤害则是长期接触亚致死浓度的污染气体而受害，受污染后光合作用降低，呼吸异常，干物质积累减慢，酶的活性改变等。

HCl 危害动物和人类的生命健康。人类 HCl 最小可嗅浓度为 $0.1mg/m^3$，最大不可嗅浓度为 $0.05mg/m^3$。家兔及豚鼠类在 $6.4mg/L$ 浓度下吸入 30min，迅速死亡，症状为咽喉痉挛、水肿和肺水肿等；在 $5mg/L$ 浓度下吸入 1.5h，存活时间为 2 ~ 6d；在 $0.45mg/L$ 浓度下吸入 6h，引起呼吸道轻度炎症。HCl 可以促进未燃烧碳氢化合物氯化，形成二噁英（Dioxin），又称二氧杂芑，是一种无色无味、毒性严重的脂溶性物质，对人体危害严重，毒性相当于 KCN 的 1000 倍，是迄今为止化合物中毒性最大且含有多种毒性的物质之一，已被证实可诱发癌症。

5.2　应对高炉煤气中 HCl 腐蚀的方法

HCl 带来的影响主要是高炉在采用干法除尘以后，HCl 腐蚀高炉煤气相关管道和设备。虽然目前钢铁行业对 HCl 腐蚀问题开始重视，但应对方法都比较简单，没有从根本上解决 HCl 给高炉冶炼过程引起的危害。目前钢铁行业缓解 HCl 酸性气体给高炉冶炼过程带来不利影响的主要措施有：

（1）减少炉顶打水的操作，控制高炉煤气中的含水量，抑制或减缓 HCl 等酸性气体的冷凝析出。

（2）控制煤气温度高于露点温度 15 ~ 20℃，防止煤气中的水分冷凝，抑制或减缓 HCl 等酸性气体随冷凝水析出富集。

（3）在容易受到腐蚀的重点部位采用特殊不锈钢材料（如 Incoly825），延长受 HCl 腐蚀设备的寿命，对煤气管道中的阀门等关键部位，定期检查，及时更换。

采取上述技术措施只能在一定程度上缓解 TRT 机组流道和叶片以及布袋除尘箱内壁的腐蚀问题，不能完全解决 HCl 等酸性气体对煤气管道及设备产生的腐蚀问题，更不能消除 HCl 等酸性气体对热风炉和其他炉窑的不利影响。因此，有必要系统研究高炉煤气中 HCl 气体的脱除方法，采用脱除的方式去除高炉煤气中的 HCl，从根本上解决 HCl 给高炉冶炼过程带来的不利影响。

研究高炉脱除 HCl 的方式，首先应从高炉煤气除尘方式入手。高炉煤气除尘的方式可分为两种：干法除尘和湿法除尘。

湿法除尘：高炉炼铁产生的主要副产品之一是高炉煤气。因为高炉煤气产出量大、温度较高，这种可燃介质成为一种可以被利用的能源。目前绝大多数钢铁企业设有专门回收利用这一能源的设备，采用余热余压回收的工艺。由于高炉出口荒煤气含尘量较高，堵塞管道设备，不利于余热余压回收，因此高炉煤气除尘成为煤气回收过程中的一个重要环节。传统高炉煤气采用水净化煤气中的粉尘的工艺称为湿法除尘：经重力除尘后的煤气进入双级文氏洗涤塔，通过大量工业水的冲洗达到除尘效果。由于 HCl 极易溶于水，绝大多数的 HCl 进入湿法除尘的洗涤水中，湿法除尘后，高炉煤气中的氯含量降低，含量可以忽略不计。

干法除尘：不利用水来净化高炉煤气，与湿法除尘相对应。它与湿法除尘的最大区别在于使用布袋系统取代文氏洗涤系统进行除尘，其无需耗水且流程各阶段的煤气温度较高，有利于高炉煤气的综合再利用回收。与相比湿法除尘相比，消耗水量大大减少。由于水资源日益短缺，湿法除尘所用水的来源受到严重限制，干法除尘逐步取代湿法除尘已是大势所趋。干法除尘与湿法除尘的优势不仅体现在干法除尘用水量低，还体现在对现有设备做一些小改动就可以获得较好余压和余热回收效果，取得较大的经济效益。

干法除尘在运营成本和设备布局上的明显优势得到大力推广[17]，但是干法除尘在国内应用推广时间不长，解决干法除尘中 HCl 的危害在钢铁冶金领域的研究较少，提出行之有效的解决方案更是少之又少。但是，在其他领域如煤气化联合循环发电（IGCC）、煤气化燃料电池（MCFC）、石油化工和垃圾焚烧等领域已做过脱除 HCl 的大量研究。在参考其他行业的研究结果的同时，因为脱除 HCl 的行业有很大差别，HCl 具体危害情况不同，脱氯环境不同，其他行业的脱氯剂是否能适合高炉煤气尚未可知。

钢铁冶金脱氯主要是高炉煤气脱除 HCl。高炉煤气气体流速快，气体流量大、压力高，CO_2 和 CO 含量较高，炉尘含量较高。高炉煤气与其他行业有显著不同，所以对高炉煤气中 HCl 气体脱除过程的方式有必要进行系统研究。

石油化工行业主要是从石油、天然气中脱除有机氯。石油液体流速低，流量较小。催化脱除有机氯技术主要包括催化氢转移、催化加氢以及光电催化脱氯等。目前催化加氢脱氯技术较为成熟，主要用于氯代烷烃和氯代烯烃的脱氯。原理是被吸附在负载金属催化剂上的 H_2 被裂解成 H 原子后，继续失去 1 个电子变成 H^+，然后与吸附在催化剂上的有机氯化物反应生成 HCl 气体及相应的烃类。

在研究高炉煤气脱除 HCl 的过程中，借鉴其他行业 HCl 脱除方法具有一定的参考价值。从石油化工行业脱氯剂的使用方法可以看出，脱除 HCl 的方式主要为固定床脱除

HCl。在进行多相过程的设备中，若有固相参与且处于静止状态时，则设备内固体颗粒物料层称为固定床。现有固定床脱除 HCl 气体研究较多，而高温下脱除 HCl 气体研究相对较少。

目前研究较多的就是几种碱性脱氯剂，主要为石灰基（石灰岩、熟石灰和生石灰）和钠基（苏打粉、小苏打）[17~19]。

Verdone 和 De Filippis[17] 从热力学上计算出了小苏打（或碳酸钠）在干法除氯过程中得到比欧美环境要求排放浓度更低的 HCl 浓度（Mura and Lallai[20]）。Mocek 等在 1983 年就已利用多层固定床反应器研究了 Na_2CO_3 与 HCl 气体在 150℃ 的反应性。Dvirka 等在 1988 年从理论上计算了 HCl 气体和 Na_2CO_3 在 315℃ 下反应速度，得出 HCl 气体浓度从 0.0208% 到 0.0005% 反应时间只需要不到 0.001s。另外，Fellows 和 Pilat（1990）采用固定床反应器在 107~288℃ 的温度范围上测试 $NaHCO_3$ 吸收 HCl，结果表明 $NaHCO_3$ 和 HCl 的反应速率成正相关，且反应速率随温度提高程度比较明显。Fellows 和 Pilat 的实验研究结果还表明，反应速率和脱氯剂的颗粒直径关系较弱。Duo 等研究了钠基脱氯反应剂在 300~600℃ 时的反应速率，得出废气成分和固定吸附剂的直径大小对吸附剂和 HCl 气体的反应速率影响可以忽略不计。Verdone、Mocek、Fellows 等的研究均认为，温度是影响脱氯反应速率的主要因素之一。Dou 等[21] 在高温固定床吸附氯化氢的方向做了一系列的研究得出，HCl 气体（HCl 在 $1×10^{-3}~1×10^{-6}$ 浓度范围）在固体脱氯剂的扩散程度是固气反应速率首要的限制性环节。

钙基脱氯剂的研究主要集中在国外。Weineu 等[22,23] 对石灰和石灰石在 60~1000℃ 的温度范围与 HCl 的反应进行了研究，研究根据未反应核收缩模型得出反应的主要限制环节是气相在固相层的扩散。研究结果表明，在 500℃ 以内主要受温度的影响，而当温度超过 500℃ 时，脱氯剂的吸附能力受到气固相化学平衡的限制。对钙基脱氯剂与 HCl 的反应动力学进行了研究，研究结果表明在 150~350℃ 时，钙基吸收剂反应表观活化能为 2811kJ/mol，与 HCl 的反应为一级反应。对再生钙基脱硫剂与 HCl 的反应动力学进行了研究，研究结果表明限制环节主要为化学反应速率和气相反应物扩散。另外，采用自制脱氯剂在高温情况下测试了脱除 HCl 的反应热力学和动力学，为进一步揭示高温脱氯反应机理作出了一定的贡献。

国外对固定床 HCl 脱除剂的研究采用的主要是多分子层的固定床反应器，干法吸收气体中 HCl。实验应用微粒模型（grain mode），根据气固非催化反应相关原理进行实验分析。

5.3　高炉煤气中 HCl 生成和脱除的热力学计算

5.3.1　热力学计算所用 HSC 软件简介

HSC 作为比较成熟的综合热力学数据库软件，广泛应用于冶金、化学、矿物处理、废料处理、能源生产等多个行业领域。HSC Chemistry 5.0 软件（以下简称 HSC 5.0 软件）是目前世界上比较流行的热化学计算应用软件，含有多种模拟模型的流程图。

图 5-1 为 HSC 5.0 软件主界面图。从图 5-1 可以看出，HSC 5.0 软件可以计算纯物质、理想溶液的化学平衡及热力学数据，并将所计算的结果绘制成曲线。HSC 5.0 软件的

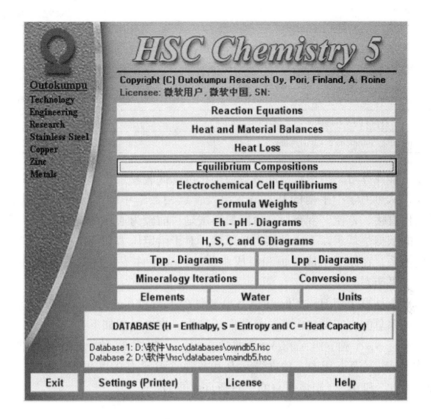

图 5-1 HSC 5.0 软件主界面图

计算功能包括：质量平衡计算、焓平衡计算和多相体系中各成分的相均衡计算、气-固平衡图和 Eh-pH 图。图表可以进行编辑并以各种形式导出保存在 Word 或 Excel 中。

同时，HSC 5.0 包含一个含有 16000 多种化合物的数据库。其计算原理是拟合出体系中各相的热力学性质表达式，然后在满足物料平衡方程的前提下，使恒温、恒压体系下的吉布斯自由能最小，从而得到体系的平衡相的组成。

表 5-1 是 HSC 5.0 软件的主要计算模块功能介绍。显然，HSC 5.0 软件的主要计算模块共 10 个，分别为反应方程式计算平衡常数和反应热，热平衡计算；热耗计算；平衡组成和基体相数计算；电化学平衡计算；分子量计算；Eh-pH 图；焓、熵、热容及吉布斯自由能图；三元体系优势区恒温图；矿物质的组成成分分析。

表 5-1 HSC 5.0 软件的主要计算模块功能介绍

模 块	功 能
Rection Equation	反应方程式计算平衡常数和反应热
Heat and Material Balances	热平衡计算
Heat Loss	热耗计算
Equilibrium Compositions	平衡组成和基体相数计算
Electrochemical Cell Equilibriums	电化学平衡计算

模　块	功　能
Formula Weights	分子量计算
Eh – pH – Diagrams	Eh – pH 图
H, S, C and G Diagrams	焓、熵、热容及吉布斯自由能图
Tpp/Lpp – Diagrams	三元体系优势区恒温图
Mineralogy Iterations & Conversions	矿物质的组成成分分析

在实际工程计算时，运用自由能函数最小法可以摆脱复杂化学反应的详细机理所带来的复杂计算，从热力学中平衡的基本概念出发，运用数学中的最优化算法对系统进行处理，计算过程直接、方便。吉布斯自由能最小法是目前较为通用的计算方法。运用最小自由能函数法的依据是基于以下化学热力学原理：对于给定压力和温度的由一定量元素构成的化学反应体系，在原子组成守恒和组成非负的约束条件下，当体系的自由能函数最小时，体系处于平衡态。

热力学平衡计算采用 HSC Chemistry 5.0 软件的 Equilibrium Compositions 组件进行。其理论基础为体系总的吉布斯自由能总是趋向于最小，推导过程如下：

假设体系有 N_D 个独立组元和 N_U 个非独立组元，包括 N_i 种元素，分布在 P 个相中，进行了 R 次反应。在第 j 相中，独立组元 D 和非独立组元 U 的摩尔数分别为 $M_{D,j}$ 和 $M_{U,j}$，化学位分别为 $\mu_{D,j}$ 和 $\mu_{U,j}$，则体系总的吉布斯自由能为：

$$G = \sum_{D=1}^{N_D} \sum_{j=1}^{P} M_{D,j}\mu_{D,j} + \sum_{U=1}^{N_U} \sum_{j=1}^{P} M_{U,j}\mu_{U,j} \qquad (5-17)$$

根据物料平衡，第 e 种元素在体系中的总摩尔数 M_e 应等于各组元该元素摩尔数之和：

$$G = \sum_{D=1}^{N_D} \sum_{j=1}^{P} M_{D,j}\alpha_{D,e} + \sum_{U=1}^{N_U} \sum_{j=1}^{P} M_{U,j}\alpha_{U,e} \qquad (5-18)$$

式中，$\alpha_{D,e}$、$\alpha_{U,e}$ 分别代表独立组元和非独立组元中第 e 种元素的原子数。在恒温、恒压及物料平衡的前提下，体系平衡的条件为总的吉布斯自由能达到最小值（即 $G \rightarrow G_{min}$）。

图 5 – 2 和表 5 – 2 分别是 HSC 5.0 软件"平衡组分模块"操作界面及菜单介绍。从图 5 – 2 可以看出，HSC 5.0 软件有多种方式可以计算多组分平衡。可以选定化学元素、输入化学分子式和输入已准备好的文件进行计算，并可以画图和以文件形式输出计算结果到其他设备中。

表 5 – 2　HSC 5.0 软件中 "平衡组分模块" 的菜单介绍

模　块	功　能
Create new Input File（give Elements）	创建新文件（输入化学元素）
Create new Input File（give Species）	创建新文件（输入物质种类）
Edit old Input File	编辑历史文件
Calculate Equilibrium Composition	平衡组成和基体相数计算
Draw picture from Results	根据计算结果作图
Print input File	输出文件
Print result File	打印文件

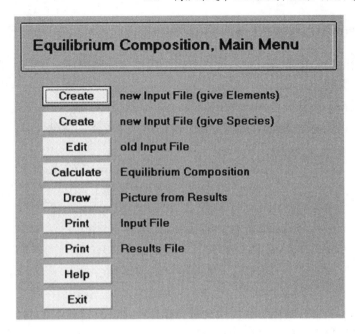

图 5-2 HSC 5.0 软件"平衡组分模块"操作界面

  表 5-2 是热平衡界面的中文翻译,从表 5-2 可以看出,HSC 5.0 软件平衡组成和基体相数计算的主要功能分 7 部分,分别为输入化学元素和种类创建新文件、编辑历史文件、平衡组成和基体相数计算、根据计算结果作图、输出和打印文件。

  表 5-3 是 HSC 5.0 软件的主要热力学数据库。从表 5-3 可以看出 HSC 5.0 软件的主要数据库及应用范围。HSC 5.0 数据库由 11 个子数据库组成,分别为热化学数据库、流体数据库、热传导数据库、热传递数据库、表面扩散数据库、气体扩散数据库、粒子扩散数据库、元素数据库、测量单位数据库、矿物数据库(用户可自定义)和水溶液密度数据库。

表 5-3 HSC 5.0 软件的主要热力学数据库

数 据 库	功 能
HSC Thermochemical Database	热化学数据库。有 20000 多种纯物质和水溶物种,其中 60% 是无机物
Water Steam/Fluid Database	流体数据库
Heat Conduction Database	包括 718 种材料的热传导数据库
Heat Convection Database	包括 111 种物质和 4 个方程的热传递数据库
Surface Radiation Database	包括 60 多种材料的表面扩散数据库
Gas Radiation Calculator	气体扩散数据库
Particle Radiation Calculator	粒子扩散数据库
Elements Database	元素数据库
Measure Units Database	测量单位数据库
Minerals Database	包括 3581 种矿物的矿物数据库,用户可以添加新的矿物进数据库
Aqueous Solution Density Database	水溶液密度数据库

5.3.2　高炉煤气中 HCl 生成热力学计算

以高炉炉料的加入位置区分炉料加入方式，可以分为风口喷吹煤粉和炉顶加入冶金炉料两种炉料加入方式。

风口喷吹煤粉，大部分煤粉在风口回旋区进行燃烧时，煤炭中 95% 的氯转化为 HCl 气体释放出来，以煤炭中 NaCl 在燃烧过程中转化为 HCl 气体的情况为例，见式（5-19）~ 式（5-25）：

$$2NaCl + H_2O \longrightarrow Na_2O + 2HCl \qquad (5-19)$$

$$NaCl + H_2O \longrightarrow NaOH + HCl \qquad (5-20)$$

$$2NaCl + H_2O + SO_2 \longrightarrow Na_2SO_3 + 2HCl \qquad (5-21)$$

$$2NaCl + H_2O + SO_3 \longrightarrow Na_2SO_4 + 2HCl \qquad (5-22)$$

$$2NaCl + H_2O + SO_3 + 1/2O_2 \longrightarrow Na_2SO_4 + 2HCl \qquad (5-23)$$

$$2NaCl + H_2S \longrightarrow Na_2S + 2HCl \qquad (5-24)$$

$$2NaCl + H_2O + SiO_2 \longrightarrow Na_2SiO_3 + 2HCl \qquad (5-25)$$

我国煤炭中氯元素含量比较低，绝大部分煤炭中氯的含量处在 0.05% 以下，高氯煤炭几乎没有，少量煤炭中的氯含量处在 0.050% ~ 0.15% 之间，主要集中在 0.01% ~ 0.20% 之间，平均含量为 0.02% 左右。

姜英把全国国有重点煤炭中氯元素的平均含量在四个级别中的分布按煤储量进行了统计，在全国国有重点煤炭的储量中，特低氯煤级别的煤储量占绝大多数，所占比例为 89.92%，低氯煤级别的煤储量占 10.08%，而中氯煤和高氯煤级别的储煤量几乎没有。低氯煤级别的储煤量占 10.08% 全国均有分布，中氯煤级别的储煤量占 12.02% 主要分布在西北地区，其余地区的低氯煤级别的煤储量很少，几乎都属于特低氯煤炭。

按目前已有的资料分析，我国多数煤的氯含量不足 500mg/kg，平均含量处在 200 ~ 250mg/kg 之间。因此，可以认为我国的煤炭基本上都属于低氯煤。

炉顶加入的冶金炉料主要有铁矿石和焦炭。铁矿石和焦炭中氯的存在形式主要为无机氯化物，如 NaCl、KCl、CaCl_2，其中 NaCl 含量相对比较高。高炉是以碳燃烧反应为主体的高温容器，煤气中 HCl 生成机理与电站燃煤锅炉废气中 HCl 生成机理比较相似。高炉煤气中 HCl 生成的途径可能是 NaCl 和水在高温下发生氯盐水解反应。

NaCl 和水在高温下发生氯盐水解反应是生成 HCl 的主要反应，其主要化学反应方程式为：

$$2NaCl(1) + H_2O(g) \longrightarrow Na_2O(s) + 2HCl(g) \qquad (5-26)$$

$$2NaCl(g) + H_2O(g) \longrightarrow Na_2O(s) + 2HCl(g) \qquad (5-27)$$

在高炉内许多区域有 SiO_2 存在，NaCl 和 H_2O 会与 SiO_2 发生氯盐水解反应，化学反应方程式为：

$$2NaCl(1) + H_2O(g) + SiO_2(s) \longrightarrow Na_2SiO_3 + 2HCl(g) \qquad (5-28)$$

$$2NaCl(g) + H_2O(g) + SiO_2(s) \longrightarrow Na_2SiO_3 + 2HCl(g) \qquad (5-29)$$

高炉内许多区域有 P_2O_5 存在，NaCl 和 H_2O 也可能会与 P_2O_5 发生氯盐水解反应，化学反应方程式为：

$$6NaCl(s) + P_2O_5(s) + 3H_2O(g) \longrightarrow 2Na_3PO_4 + 6HCl(g) \qquad (5-30)$$

$$6NaCl(s) + P_2O_5(l, g) + 3H_2O(g) \longrightarrow 2Na_3PO_4 + 6HCl(g) \tag{5-31}$$

$$6NaCl(l) + P_2O_5(g) + 3H_2O(g) \longrightarrow 2Na_3PO_4 + 6HCl(g) \tag{5-32}$$

$$6NaCl(g) + P_2O_5(g) + 3H_2O(g) \longrightarrow 2Na_3PO_4 + 6HCl(g) \tag{5-33}$$

高炉内许多区域有 SO_2 和 NO_2 存在，$NaCl$ 和 H_2O 也可能会与 SO_2 和 NO_2 发生氯盐水解反应，化学反应方程式为：

$$7NaCl(s) + 5H_2O(g) + 3.5SO_2(g) + NO_2(g) \longrightarrow 3.5Na_2SO_4 + 7HCl(g) + NH_3(g)$$
$$\tag{5-34}$$

$$7NaCl(l, g) + 5H_2O(g) + 3.5SO_2(g) + NO_2(g) \longrightarrow 3.5Na_2SO_4 + 7HCl(g) + NH_3(g)$$
$$\tag{5-35}$$

根据高炉冶炼的工艺条件，建立多组元热力学体系模拟和计算，对这一类数据的计算有多种方法[24]。本节热力学数据采用美国国家标准与技术研究院（NIST）联机科学数据库 JANAF 热化学表提供的数据。对化学反应方程式（5-26）~式（5-35）进行热力学计算，计算结果见表 5-4。由表 5-4 中可以看出以下几点：

（1）无论 NaCl 为液态还是气态，NaCl 与 H_2O 的化学反应式（5-26）和式（5-27）在 800~1400℃ 温度范围内，ΔG 始终大于零，NaCl 的水解反应在高炉内这段温度区间范围内几乎不能发生。

（2）当 NaCl 为液态时，反应式（5-28）在 1500~2000℃ 温度范围内，ΔG 始终大于零，在有 SiO_2 存在，NaCl 的水解反应不能在这段温度区间内发生；当 NaCl 为气态时，反应式（5-29）在 100~900℃ 温度范围内，ΔG 小于零，NaCl 的水解反应在高炉内有可能进行，但是由于 NaCl 的沸点为 1465℃，NaCl 在反应所需温度范围时，赋存状态基本上不会呈气态，所以气态的 NaCl 在高炉内几乎不能与 H_2O 和 SiO_2 发生反应生成 HCl。

（3）当 NaCl、P_2O_5 均为固态时，反应式（5-30）在 100~600℃ 温度范围内，ΔG 始终大于零，NaCl 的水解反应在有固态 P_2O_5 参与的条件下，在这段温度区间范围内，HCl 几乎不能生成。当 NaCl 为固态，P_2O_5 为液态时，反应式（5-31）在 500℃ 温度左右，ΔG 大于零，NaCl 的水解反应在高炉内这段温度范围内几乎不能进行。当 NaCl 为固态，P_2O_5 为气态时，反应式（5-31）在 600~800℃ 温度范围内，ΔG 始终小于零，NaCl 的水解反应在高炉内可能进行。当 NaCl 为液态，P_2O_5 为气态时，反应式（5-32）在 800~1400℃ 温度范围内，ΔG 始终大于零，NaCl 的水解反应在这段温度范围内几乎无法在高炉内生成 HCl。当 NaCl、P_2O_5 均为气态时，反应式（5-33）在 1400~1600℃ 温度范围内，ΔG 小于零，在高炉内有可能进行；在 1700~2000℃ 温度范围内，ΔG 大于零，反应在高炉内不能进行。

（4）当 NaCl 为固态时，反应式（5-34）在 100~600℃ 温度范围内，ΔG 始终小于零，反应式（5-34）在高炉内有可能进行；反应式（5-34）在 700~800℃ 温度范围内，ΔG 始终大于零，反应式（5-34）在高炉内不能进行。当 NaCl 为液态时，反应式（5-35）在 800~1400℃ 温度范围内，ΔG 始终大于零，反应式（5-35）在高炉内不能进行。当 NaCl 为气态时，反应式（5-35）在 1400~2000℃ 温度范围内，ΔG 始终大于零，反应在高炉内不能进行。

通过对反应式（5-26）~式（5-35）的热力学计算以及查询各反应物在 JANAF 热化学表[14]中的熔沸点，反应式（5-29）、式（5-31）、式（5-33）分别在 100~900℃、600~800℃、1400~1600℃ 温度范围内可以发生化学反应，生成 HCl 气体。

表5-4 HCl 通过不同反应生成的吉布斯自由能　　　　（kJ/mol）

$T/℃$	反应式(5-26) ΔG	反应式(5-27) ΔG	反应式(5-28) ΔG	反应式(5-29) ΔG	反应式(5-30) ΔG	反应式(5-31) ΔG	反应式(5-32) ΔG	反应式(5-33) ΔG	反应式(5-34) ΔG	反应式(5-35) ΔG
100	—	—	—	—	177.72	—	—	—	—	—
200	—	—	—	—	143.82	—	—	—	257.96	—
300	—	—	—	—	111.26	—	—	—	−204.8	—
400	—	—	—	—	80.04	—	—	—	−157.1	—
500	—	—	—	—	52.37	50.49	—	—	−113.9	—
600	—	—	—	—	26.78	−145.9	—	—	−71.90	—
700	—	—	—	—	—	−150.9	—	—	−30.78	—
800	429.71	—	198.60	—	—	−155.3	105.32	—	9.396	352.67
900	433.81	—	203.53	—	—	—	146.86	—	48.584	442.33
1000	437.78	—	208.57	—	—	—	189.04	—	—	525.33
1100	441.20	—	213.23	—	—	—	231.65	—	—	607.89
1200	442.41	—	214.56	—	—	—	274.56	—	—	690.04
1300	442.59	—	215.94	—	—	—	317.66	—	—	771.82
1400	442.82	—	217.39	—	—	—	360.85	−140.0	—	853.26
1500	—	285.00	—	60.78	—	—	—	−70.26	—	381.02
1600	—	293.88	—	70.88	—	—	—	−1.464	—	491.81
1700	—	302.51	—	80.74	—	—	—	66.324	—	601.31
1800	—	310.91	—	90.77	—	—	—	133.09	—	709.61
1900	—	319.09	—	100.74	—	—	—	198.83	—	816.78
2000	—	327.06	—	110.56	—	—	—	263.54	—	922.89

在 100～600℃ 温度范围内，ΔG 小于零，NaCl 的水解反应有可能生成 HCl。但是，在高炉正常冶炼条件下，高炉煤气出口处温度在 300℃ 以下，所以 HCl 的生成温度范围主要集中在 300～800℃、1400～1600℃ 之间，发生在高炉的低温段和 1400～1600℃ 窄温度区间内。ΔG 在 300～800℃ 和 1400～1600℃ 温度范围内相比较，在低温段，ΔG 值更小，HCl 气体在热力学上更容易生成。通过反应式(5-31)、式(5-33)、式(5-34)可以知道，H_2O 是三个反应相同的反应物，在现有高炉生产条件下，控制高炉炉顶打水，可以有效地减少高炉低温段 HCl 的生成。

5.3.3　高炉煤气中 HCl 脱除热力学计算

高炉煤气中 HCl 的脱除剂活性组分主要是指在脱氯剂中与高炉煤气中 HCl 实际发生化学反应的物质。脱氯剂的活性组分可能包括金属氧化物、碳酸盐、碳酸氢盐、氢氧化物等。常见的可能作为脱氯剂的活性组分的物质主要有 CuO、ZnO、Fe_2O_3、$NaHCO_3$、$Ca(OH)_2$、$MgCO_3$、$CaCO_3$、KOH、Na_2CO_3。这些物质与 HCl 的化学反应方程式见式(5-36)～式(5-44)：

$$CuO + 2HCl(g) \longrightarrow CuCl_2 + H_2O \qquad (5-36)$$

$$ZnO + 2HCl(g) \longrightarrow ZnCl_2 + H_2O \tag{5-37}$$

$$2Fe_2O_3 + 6HCl(g) \longrightarrow 2FeCl_3 + 3H_2O \tag{5-38}$$

$$NaHCO_3 + HCl(g) \longrightarrow NaCl + H_2O + CO_2(g) \tag{5-39}$$

$$Ca(OH)_2 + 2HCl(g) \longrightarrow CaCl_2 + 2H_2O \tag{5-40}$$

$$MgCO_3 + 2HCl(g) \longrightarrow MgCl_2 + H_2O + CO_2(g) \tag{5-41}$$

$$CaCO_3 + 2HCl(g) \longrightarrow CaCl_2 + H_2O + CO_2(g) \tag{5-42}$$

$$KOH + HCl(g) \longrightarrow KCl + H_2O \tag{5-43}$$

$$Na_2CO_3 + 2HCl(g) \longrightarrow 2NaCl + H_2O + CO_2(g) \tag{5-44}$$

热力学计算为制备适宜高炉煤气脱氯剂的化学活性组分选择提供了理论依据。应用化学热力学软件 HSC 5.0，根据自由能最小法，计算适宜高炉煤气脱氯剂各组分与气态 HCl 反应的化学反应方程式，计算得到各种脱氯剂活性组分在不同温度、常压下的吉布斯自由能，不同脱氯剂活性组分与 HCl 的化学反应吉布斯自由能见表 5-5，通过表 5-5 可以看出以下几点：

（1）100~300℃温度范围内，$NaHCO_3$ 热力学上与 HCl 气体的反应吉布斯自由能比较小，可以自发地与 HCl 发生化学反应，属于放热反应，且随着温度的升高，吉布斯自由能逐渐减小。高炉煤气的温度在 100~300℃ 区间范围内，在这个温度范围内 $NaHCO_3$ 与 HCl 在热力学上具有较高的反应性，是比较理想的脱氯剂活性组分。

（2）在 100~300℃ 温度范围内，Na_2CO_3、$MgCO_3$、$CaCO_3$、KOH 与 HCl 反应的吉布斯自由能均小于零，可以自发地与 HCl 发生化学反应，属于放热反应。随着温度的升高，反应式（5-36）、式（5-37）、式（5-40）、式（5-42）~式（5-44）的吉布斯自能有所增加，但是 ΔG 仍然远小于零。因此，$CaCO_3$、KOH、$MgCO_3$、Na_2CO_3 可以作为脱氯剂活性组分脱除高炉煤气中的 HCl。

（3）由于在 100℃ 以上的温度范围，Fe_2O_3 与 HCl 化学反应的吉布斯自由能大于零，不能自发的与 HCl 发生化学反应，所以 Fe_2O_3 不能作为脱氯剂活性组分脱除高炉煤气中的 HCl。

（4）在 100~300℃ 温度范围内，CuO、ZnO 与 HCl 反应吉布斯自由能较小，热力学上可以自发地与 HCl 发生化学反应。虽然 CuO、ZnO 化学和物理性质比较稳定，可以作为脱氯剂活性组分，但是由于市场价格较高、来源较少，不适宜单独作为脱氯剂主要活性组分，比较适合作为脱氯剂中的添加剂。

（5）$Ca(OH)_2$ 容易和 CO_2 发生化学反应，形成 $CaCO_3$，在表面形成致密保护膜，所以 $Ca(OH)_2$ 作为脱氯剂的活性组分很容易在加工制造、储存、运输过程中失去活性。同时由于高炉煤气中含有大量的 CO_2，因此 $Ca(OH)_2$ 和其他脱氯剂活性组分相比，较容易失去活性，不适宜单独作为脱氯剂。

关于脱氯剂的活性组分，国外有许多学者研究，而活性组分被认为是影响脱氯剂脱氯效果的主要因素之一。但是，由于各行业使用脱氯剂的具体条件不同，关于脱氯剂活性组分的选取有较大的差别，认识也不尽相同。在热力学计算后，需要在实验室模拟高炉煤气脱氯的实际使用条件，对脱氯剂重新进行开发研究，寻找出适应高炉煤气脱除 HCl 的脱氯剂品种。

表 5 – 5　不同组分与 HCl 反应的吉布斯自由能　　　　　　（kJ/mol）

反应方程式	100℃	200℃	300℃
式（5 – 36）	– 74. 715	– 52. 512	– 31. 436
式（5 – 37）	– 79. 246	– 57. 371	– 36. 641
式（5 – 38）	– 11. 444	53. 786	115. 512
式（5 – 39）	– 72. 402	– 79. 107	– 85. 937
式（5 – 40）	– 119. 235	– 100. 977	– 84. 466
式（5 – 41）	– 18. 976	– 14. 054	– 10. 150
式（5 – 42）	– 56. 472	– 50. 529	– 45. 468
式（5 – 43）	– 162. 744	– 152. 176	– 141. 592
式（5 – 44）	– 154. 998	– 147. 992	– 141. 773

　　应用热力学软件 HSC Chemistry 5. 0 对高炉煤气脱氯剂活性组分进行热力学分析发现，高炉煤气中 HCl 的生成机理主要为 NaCl 与 P_2O_5、NaCl 与 SO_2 和 NO_2 在有水蒸气存在的条件下，分别在 300 ~ 800℃、1400 ~ 1600℃ 温度范围内发生化学反应，生成 HCl 气体。其中，在高炉中上部 300 ~ 800℃ 温度区间内，是 HCl 在高炉内的主要生成部位。减少高炉炉内生成 HCl 的方法有减少炉料水含量和控制炉顶入炉炉料中的硫、磷含量。根据脱氯剂活性组分与 HCl 反应热力学计算结果，筛选出的脱氯剂活性组分主要有 $NaHCO_3$、Na_2CO_3、$MgCO_3$、$CaCO_3$、KOH。同时，Ca（OH）$_2$、CuO、ZnO 和 Fe_2O_3 不适宜作为高炉煤气脱氯剂的活性组分，但可以作为脱氯剂中的添加剂[25]。

5. 4　高炉煤气中 HCl 脱除的试验研究

5. 4. 1　试验方法及设备

　　高炉煤气中 HCl 脱除试验装置如图 5 – 3 所示，主要由气源、固定床反应器、加热炉、压力控制器和尾气分析等部分组成。固定床反应器为圆柱体形状，圆柱体的内径为

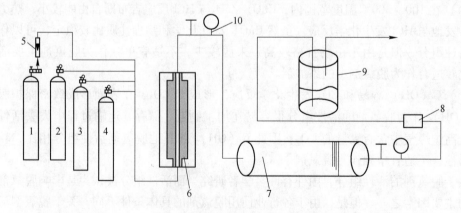

图 5 – 3　高炉煤气中 HCl 脱除试验装置
1—氯化氢标准气体；2—氮气标准气体；3—二氧化碳标准气体；4—一氧化碳标准气体；5—转子流量计；
6—加热炉；7—气固反应器；8—HCl 检测仪；9—碱液；10—气体流量计

100mm、高度为 800mm，脱氯剂置于圆柱形反应管中，料层厚度可调节。试验气体模拟高炉煤气，由 N_2、CO、CO_2 标准气体按 60：20：20 的比例配加不同浓度的 HCl 而成。测量气体中的氯含量采用 HCl 检测仪在线连续测量。试验配制的高炉煤气在一定条件下与脱氯剂反应，反应后的尾气经检测后被 NaOH 溶液吸收。

FZ–2/100A 型密封式制样粉碎机如图 5–4 所示，物料放入全密封的料钵内，料钵内有破碎锤和破碎环，电机带动偏心锤高速旋转形成振动撞击力和摩擦力将物料制成粉状，用于粉碎研磨物料制成微粉状的试样。XKMF–2000A 型马弗炉如图 5–5 所示，主要由指针表、PID 调节控制表、电阻丝构成。物料经过称量放于刚玉坩埚内，设置马弗炉达到设定温度，放置刚玉坩埚于马弗炉内，进行轻烧。

图 5–4 FZ–2/100A 型密封式制样粉碎机　　　图 5–5　XKMF–2000A 型马弗炉

高炉煤气用脱氯剂的制备及脱氯试验过程包括 6 个步骤，即制样、轻烧、混匀、造球、脱氯和检测。

制样：将选取的脱氯剂活性组分按种类分别放入 FZ–2/100A 型密封式制样粉碎机进行磨碎制样，制样时间 2~6min，对试样进行分级筛分，选取小于 0.074mm（–200 目）的样品，分别装入干燥样品袋中密封备用。

轻烧：设定马弗炉恒温温度，达到温度后，把试样放置于马弗炉中，静置。

混匀：添入相应造孔剂、黏结剂，把小于 0.074mm（–200 目）脱氯活性组分剂按一定配比均匀混合后，平铺直取若干次，直到各种物料混合均匀。

造球：混匀料放入圆盘造球机中，添加适量的水，造球过程分为母球生成、小球长大和小球压实 3 个阶段。制造不同粒径的小球若干，小球自然风干，按照粒级和不同料层厚度填充于反应器中。

脱氯：HCl 脱除试验装置放入脱氯剂，根据试验评价指标，调整料层厚度和高炉煤气中 HCl 浓度。HCl 脱除试验装置充入混有 HCl 的实验气体，保持试验气体流量相对稳定，脱氯剂小球在装置内与高炉煤气中的 HCl 在不同温度、压力下进行反应。

检测：采用 LDS6 激光气体分析仪、S - 4800 扫描电子显微镜、Noran7 X 射线能谱仪和 HCl 检测仪进行数据测量。

5.4.2　脱氯效果的评价指标

脱氯剂和 HCl 发生化学反应生成氯化物，石油化工行业通常以氯化物的挥发度以及体系中 HCl 的平衡分压为基准作为脱氯剂评价指标。研究表明，在温度为 550 ~ 1000℃ 范围内脱除煤气中的 HCl，碱土金属氯化物通常比过渡金属氯化物和碱金属氯化物有更低的平衡蒸气压。而 HCl 的平衡蒸气压，碱金属化合物又比碱土金属化合物低。经研究表明，在527℃ 和 727℃ 温度下，分别比较 HCl 与钾、钠及碱土金属氯化物的平衡蒸气压，得到气态 KCl 的 HCl 蒸气压最低；然而，当温度超过 727℃ 时，与 HCl 气体平衡的气态 NaCl 的蒸气压又高于气态 KCl 的蒸气压。考虑到自然界中矿物资源丰富、价格低廉，故选择以碱金属和碱土金属矿物为脱氯剂化学活性组分。

高炉煤气具有高压、低温、气体流速快等特性，与石油化工行业差别较大，所以脱氯剂的评价指标不应完全遵循石油化工中的评价体系。脱氯剂最重要的指标在于脱氯效果持续时间和氯容量，在本研究中评价脱氯剂指标分别选为脱氯剂的穿透时间和穿透氯容量。

穿透时间：在脱氯剂装置中，高炉煤气经脱氯剂净化后尾气中 HCl 含量超过 0.0001%时，认为脱氯剂被穿透，从通入 HCl 到脱氯剂被穿透的时间称为脱氯剂的穿透时间。穿透时间的测定方法：高炉煤气流量控制为 5L/min，HCl 浓度控制为 0.02%，测量固定床反应器出口处的 HCl 浓度，记录出口处 HCl 浓度达到 0.0001% 的时间。

穿透氯容量：穿透氯容量指在 0 ~ 300℃ 温度范围内，0.1 ~ 0.3MPa 条件下，反应器出口 HCl 浓度等于进口 HCl 浓度并保持 10min，固体脱氯剂吸收氯的质量百分率。进口 HCl体积分数为 0.99%。穿透氯容量的测定方法：高炉煤气通入量为 5L/min，HCl 浓度为0.1%，试验时间为 30min，随机取出 20 个小球采用气体激光分析仪测定穿透氯容量。

不同脱氯剂的穿透时间不同，穿透时间越长，说明该脱氯剂与高炉煤气中的 HCl 的实际反应性越好，相同料层厚度下，越有利于脱除高炉煤气中的 HCl；不同脱氯剂的穿透氯容量不同，脱氯剂的穿透氯容量越高，说明脱氯剂脱除高炉煤气中 HCl 的能力越强。

5.4.3　单组分脱氯剂的研究

几种单组分脱氯剂的穿透氯容量实验结果见图 5 - 6 和表 5 - 6。试验选定的 6 种脱氯剂均有比较高的穿透氯容量，其中 $NaHCO_3$ 的穿透氯容量最高、KOH 和 Na_2CO_3 的穿透氯容量也比较高、白云石的穿透氯容量最低。Na_2CO_3 和 $NaHCO_3$ 的穿透氯容量高于轻烧石灰石，$NaHCO_3$ 的穿透氯容量在实验的 6 种材料中最高，原因是 $NaHCO_3$ 与 HCl 反应的吉布斯自由能，与 Na_2CO_3、$CaCO_3$ 和 HCl 的反应吉布斯自由能相比要小很多，而且分析$NaHCO_3$、Na_2CO_3、$CaCO_3$ 和 HCl 的化学反应方程式可以知道，单位质量的 $NaHCO_3$ 比Na_2CO_3、$CaCO_3$ 和 HCl 发生化学反应可以生成更多的 H_2O，而 HCl 又以 1 : 700 易溶于H_2O，进而残留在脱氯剂中，所以 $NaHCO_3$ 穿透氯容量比最高。单位质量的 KOH 和Na_2CO_3 与 HCl 反应的 H_2O 也比较多，所以 KOH 和 Na_2CO_3 的穿透氯容量也较高。$CaCO_3$ 和$MgCO_3$ 是白云石的主要成分，虽然白云石也有比较多的 $CaCO_3$，但是不同矿物组成的 $CaCO_3$与 HCl 的反应性不同。白云石与 HCl 的反应活性比较差，所以白云石的穿透氯容量最低。

　　从图 5 - 6 还可以看出，轻烧石灰石的穿透氯容量比石灰石的穿透氯容量大。轻烧石灰石和石灰石的主要化学成分为 $CaCO_3$，由于石灰石经过轻烧后，部分发生分解。虽然石灰石轻烧前后，宏观形态未发生明显变化，但是通过图 5 - 6 和表 5 - 6 可以看出石灰石轻烧前后穿透氯容量不同。原因是轻烧造成石灰石孔隙率等显微结构改变，影响 $CaCO_3$ 的不同矿物组成与 HCl 的反应性，最终导致石灰石和轻烧石灰石的穿透氯容量不同。

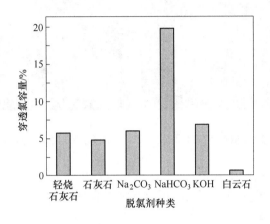

图 5 - 6　几种单种组分脱氯剂的穿透氯容量对比

表 5 - 6　几种单种组分脱氯剂的穿透氯容量　　　　　　　　　　（%）

实验编号	名　称	穿透氯容量
1 号	轻烧石灰石	5.7520
2 号	石灰石	4.8420
3 号	Na_2CO_3	5.9960
4 号	$NaHCO_3$	19.8090
5 号	KOH	6.8380
6 号	白云石	0.7280

　　石灰石原矿和轻烧石灰石经扫描电子显微镜（scanning electron microscope，SEM），在 4000 倍条件下的扫描电镜照片如图 5 - 7 和图 5 - 8 所示。石灰石表面结构为层状，表面形态以大颗粒结构为主；轻烧石灰石表面结构为颗粒状，表面形态以小颗粒结构为主。由于颗粒状表面结构的比表面积大于层状结构，因此轻烧石灰石的比表面积大于石灰石。对于脱氯剂脱除高炉煤气中 HCl 的反应，脱氯剂和 HCl 反应界面积越大，越有利于提高穿透氯容量。

　　石灰石表面有一定数量微孔，微孔直径在 $20 \sim 100 \mu m$ 之间，单位平方毫米内微孔数量级在 $0 \sim 10 \times 10^3$ 范围区间内；轻烧石灰石有数量比较多的微孔，微孔直径在 $0.1 \sim 20 \mu m$ 范围区间内，单位平方毫米内微孔数量级在 $0 \sim 10 \times 10^5$ 范围区间内。气体分子吸附具有选择性（简称极性吸附），脱氯剂表面微孔容易吸附气体分子中直径与自身微孔直径相

图 5-7　石灰石原矿表面结构的 SEM 照片　　　图 5-8　轻烧石灰石表面结构的 SEM 照片

近的分子。HCl 的分子直径在 $10\mu m$ 左右，与轻烧石灰石表面微孔直径范围较为接近，根据极性吸附原理，轻烧石灰石比石灰石更容易吸附高炉煤气中的 HCl 分子，进而可以提高石灰石脱氯剂穿透氯容量。

高炉煤气中的脱氯剂不仅要考虑穿透氯容量，也要考虑脱氯剂的实际使用情况。试验过程中发现 $NaHCO_3$ 在热空气中可以发生分解，$NaHCO_3$ 在 150℃ 左右开始大量分解为 Na_2CO_3、CO_2 和 H_2O。高炉煤气在管道的温度大多处在 $100\sim300$℃，考虑到 $NaHCO_3$ 脱氯剂在运输、保存、工作时容易在热空气中发生分解，所以 $NaHCO_3$ 不适合单独作为高炉煤气的脱氯剂。KOH 具有强碱性及腐蚀性，容易吸收周围的水分发生潮解，形成碱性很强的碱溶液，会对高炉煤气管道和其他附属设备造成严重腐蚀，所以 KOH 不适合单独作为高炉煤气的脱氯剂。

经过热力学计算和实验验证，轻烧石灰石、石灰石和 Na_2CO_3 拥有比较高的穿透氯容量，且价格低廉、容易获得、来源广泛、制造方便，符合脱氯剂工业化生产的基本要求，是脱氯剂比较适宜的原材料[26]。

5.4.4　工艺参数对脱氯效果的影响

为研究脱氯剂粒度对高炉煤气中 HCl 脱除过程影响，选用两种脱氯剂，分别为石灰石和 Na_2CO_3。在脱氯剂粒度对高炉煤气中 HCl 脱除过程影响的试验中，由于实验装置中不同位置的脱氯剂吸附 HCl 情况存在较大的差异，选用穿透氯容量随机性较强，而测量脱氯剂穿透时间，可以有效避免随机因素，增加试验数据的可靠性，同时可以对脱氯剂的整体效果做出评价，所以脱氯剂粒度对高炉煤气中 HCl 脱除过程的试验选择穿透时间作为脱氯剂效果的评价指标。

石灰石粒度对穿透时间的影响见表 5-7 和图 5-9。可以看出，当石灰石粒度过小时，石灰石脱氯剂料层透气性较差，发展边缘气流，与高炉煤气中 HCl 气体相接触的石灰石脱氯剂数量较少、表面积较小，不利于石灰石脱除高炉煤气中 HCl 气体。当石灰石直径处在比较细的范围内增大时，石灰石脱氯剂穿透时间延长。当石灰石直径处在 $3\sim10mm$ 之间时，石灰石脱氯剂穿透时间不断延长，达到 $289\sim361min$。随着石灰石粒度的增大，石灰石料层空隙增大,石灰石脱氯剂整体透气性增强,有利于高炉煤气中的 HCl 分子与石灰石分子相接触,增强了石灰石脱氯剂的脱氯效果,穿透时间延长。当石灰石直径超过 10mm 后,直径再增大,石灰石脱氯剂穿透时间缩短。随着石灰石粒度的增大,单位质量的石灰石表面积减小,导致单位质量石灰石脱氯剂接触到高炉煤气中 HCl 气体的反应界面面积减少。根据未反应核模型,反应界面面积成为石灰石脱氯剂与 HCl 反应的限制性环节。

适当的粒度组成是保障 HCl 吸附剂吸附效果的充分条件。石灰石粒度过大或者过小均不利于石灰石脱氯剂脱除高炉煤气中的 HCl。综合考虑石灰石粒度对穿透时间的影响,石灰石脱氯剂的粒度控制为 3~10mm 是比较合理的。

表 5-7　石灰石粒度对穿透时间影响的试验结果

石灰石颗粒直径 /mm	1~3	3~6	6~10	10~16
最长穿透时间 /min	241	289	361	271

Na_2CO_3 粒度对 Na_2CO_3 脱氯剂穿透时间的影响见表 5-8 和图 5-10。Na_2CO_3 颗粒直径过小,导致料层透气性较差,边缘气流发展,Na_2CO_3 脱氯剂与高炉煤气中 HCl 气体相接触的脱氯剂数量、表面积减少,不利于 Na_2CO_3 脱氯剂脱除高炉煤气中 HCl 气体。当 Na_2CO_3 颗粒直径处在比较细的范围内增大时,随着 Na_2CO_3 粒度的增加,穿透时间升高。当 Na_2CO_3 直径在 3~10mm 时,最长穿透时间处于曲线的顶部,为 416min 左右。随着 Na_2CO_3 粒度的增大,每个 Na_2CO_3 之间的空隙变大,Na_2CO_3 脱氯剂整体透气性增强,有利于高炉煤气中的 HCl 分子与 Na_2CO_3 分子相接触,增强了 Na_2CO_3 脱氯剂的脱氯效果,穿透时间延长。当 Na_2CO_3 超过 10mm 粒径的范围后,再增加 Na_2CO_3 颗粒直径,穿透时间减小。Na_2CO_3 脱氯剂粒度过大,导致 Na_2CO_3 脱氯剂接触到高炉煤气中 HCl 气体的反应界面面积比较少。试验发现适当的粒度组成是保障 Na_2CO_3 脱氯剂脱氯效果的充分条件。粒度过大或者过小均不利于 Na_2CO_3 脱氯剂脱除高炉煤气中的 HCl。3~10mm 的 Na_2CO_3 是脱氯剂合理的粒度范围。

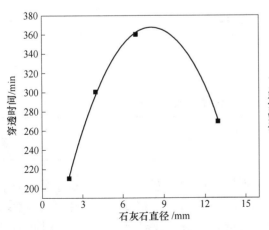

图 5-9　石灰石粒度对穿透时间的影响

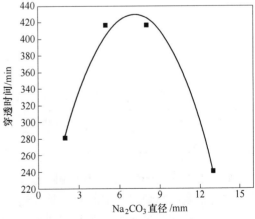

图 5-10　粒度对 Na_2CO_3 脱氯剂穿透时间的影响

表 5 - 8　　Na₂CO₃ 粒度对穿透时间的影响

Na₂CO₃ 直径 /mm	1 ~ 3	3 ~ 6	6 ~ 10	10 ~ 16
穿透时间/min	281	419	416	240

HCl 气体的相对分子质量为 37.5，CO 和 N₂ 相对分子质量均为 28，CO₂ 相对分子质量为 44，由于不同气体相对分子质量的不同，高炉煤气中的 HCl 不会均匀的分散在高炉煤气中，同时反应器中不同位置的脱氯剂吸附 HCl 的数量也不可能相同。穿透氯容量与选取脱氯剂的位置密切相关，脱氯剂位置因素对实验结果影响明显、随机性较强，而测量脱氯剂穿透时间可以有效避免随机因素，增加试验数据可靠性，对脱氯剂的整体效果做出评价，所以脱氯剂料层厚度对高炉煤气中 HCl 脱除过程的试验选择穿透时间作为脱氯剂效果的评价指标。脱氯剂料层厚度对高炉煤气中 HCl 脱除过程的影响选用脱氯剂种类为 NJ 型脱氯剂。

脱氯剂料层厚度对穿透时间的影响见表 5 - 9 和图 5 - 11。可以看出，在常温常压条件下，随着脱氯剂料层厚度的增加，脱氯剂穿透时间呈线性延长。在反应条件不变的情况下，随着脱氯剂厚度的增加，高炉煤气中 HCl 气体在脱氯剂中的穿行时间增长，与脱氯剂接触的机会增多，与脱氯剂反应表面积增大，HCl 气体与脱氯剂可以比较充分地发生化学反应，脱氯剂的脱氯效果变好。

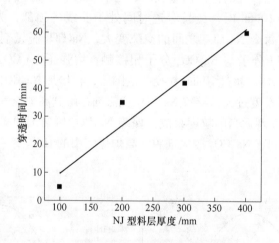

图 5 - 11　脱氯剂料层厚度对穿透时间的影响

表 5 - 9　脱氯剂料层厚度对穿透时间影响的试验结果

脱氯剂料层厚度/mm	100	200	300	400
穿透时间/min	5	35	42	59

研究温度对高炉煤气中 HCl 脱除的影响，应该尽量减少实验其他因素对试验结果的干扰。脱氯剂脱除高炉煤气中的 HCl 是放热反应，试验时为了减少脱氯反应放热对试验数据的干扰，只选取数量较少的脱氯剂进行实验。数量较少的脱氯剂无法进行穿透时间的试验，所以研究温度对高炉煤气中 HCl 脱除过程的影响采用穿透氯容量作为评价指标。研究温度对高炉煤气中 HCl 脱除过程的影响选取脱氯剂种类为自制复合脱氯剂 CHD 型。温度

对脱氯剂穿透氯容量的影响见表 5 - 10 和图 5 - 12。可知，脱氯剂穿透氯容量随温度升高而增加。当温度从 30℃升高到 90℃时，穿透氯容量从 8.7% 增加到 9.917%，增加了 14.02%。脱氯剂穿透氯容量增长速度随温度升高而下降。温度从 30℃升高到 60℃，穿透氯容量从 8.7% 提高 9.472%，增加了 8.88%；温度从 60℃升高到 90℃时，穿透氯容量从 9.472% 提高 9.917%，增加了 4.48%。

表 5 - 10   温度对脱氯剂穿透氯容量的影响

温度 /℃	30	60	90
穿透氯容量/%	8.7000	9.4720	9.9170

脱氯剂穿透氯容量增长速度随温度升高而逐步下降，原因是脱氯剂对高炉煤气的 HCl 吸附速度下降。脱氯剂脱除 HCl 分子主要是化学吸附,化学吸附可以视为单分子层吸附。根据朗缪尔提出单分子层吸附理论的假设,固体表面上每个吸附位只能吸附一个分子,气体分子只有碰撞到固体的空白表面上才能被吸附,温度增加,气体分子运动越激烈,碰撞到固体空白表面的可能性增大,脱氯剂穿透氯容量增大。在吸附开始阶段,固体表面吸附位置较多,脱氯剂穿透氯容量呈线性增长,但随着吸附位置减少,脱氯剂穿透氯容量增长速度逐步下降。

压力对脱氯剂穿透氯容量的影响如表 5 - 11 和图 5 - 13 所示。可以看出，在 0.10 ~ 0.14MPa 压力范围内,脱氯剂的穿透氯容量并没有随着压力的升高而增加,穿透氯容量几乎没有变化,压力对高炉煤气中 HCl 脱除过程影响可以忽略。原因是压力对高炉煤气 HCl 的脱除的影响较小,其影响主要表现在三方面:一是吸附分子的吸附速率与气体压力有关。原因是气体压力大,则气体分子的动能增大并在单位时间内撞到吸附表面的可能性更高,从本质上提高了吸附速率,但是压力对提高分子动能的作用有限;二是脱附速率与气体压力无关。脱附气体分子 CO_2 瞬间是没有初速度的,同时脱附又不会受到其他分子的影响,

表 5 - 11   压力对 CHD 型脱氯剂穿透氯容量的影响

压力/MPa	0.10	0.12	0.14
穿透氯容量/%	8.7000	8.7080	8.7130

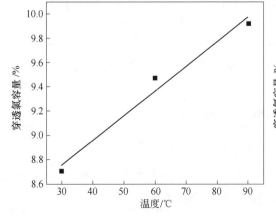

图 5 - 12   温度对脱氯剂穿透氯容量的影响

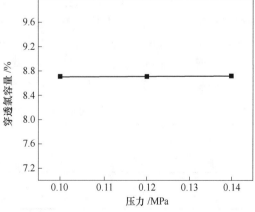

图 5 - 13   压力对穿透氯容量的影响

所以压力不能影响气体分子 CO_2 的脱附；三是脱氯剂脱除 HCl 的反应方程式是气体压力减小的反应，虽然增加反应气体压力有助于反应方程式的正向移动，但影响较小，对增加脱氯剂的穿透氯容量作用不显著，对脱氯剂脱氯效果未见明显影响。

5.4.5　脱氯剂的可循环利用特性

轻烧脱氯剂可以是石灰石脱氯剂再生的一种方式。石灰石脱氯剂与高炉煤气中的 HCl 反应属于固相和气相反应，符合气固未反应核模型，气固反应发生在气体与固体界面处，反应受气体传质作用限制，内部没有接触到反应气体的固体未参加反应。脱氯剂脱除高炉煤气中 HCl 的反应主要集中在脱氯剂表层，石灰石内部大量的 $CaCO_3$ 并没有与 HCl 发生化学反应。轻烧石灰石可以在石灰石内部形成部分通道，石灰石脱氯剂脱氯后，表面覆盖 $CaCl_2$，$CaCl_2$ 熔点较低，高温下容易挥发，轻烧后可以使石灰石内部的 $CaCO_3$ 暴露出来，可以与反应气体接触，所以通过轻烧的方式使用脱氯后的石灰石脱氯剂可以再生，可重复利用，增加了石灰石脱氯剂的工业价值，使其不仅穿透氯容量高、价格低廉、来源广泛、制造方便，还具可再生利用的价值。

轻烧和水洗都可能对石灰石脱氯剂的脱氯效果较大影响，试验采用轻烧和水洗两种方式作为实验组，氯化石灰石试样（经过穿透氯容量试验的石灰石脱氯剂，简称为氯化石灰石试样）、石灰石试样原矿作为对比组，研究轻烧和水洗两种方式是否能去除氯化石灰石试样表面上的氯，以此判断氯化石灰石试样是否具有重复利用的价值。

石灰石试样原矿、氯化石灰石试样、水洗氯化石灰石试样、轻烧氯化石灰石试样的能谱分析结果见表 5 - 12 ~ 表 5 - 15，可以看出 4 种试样所含主要化学元素为 C、O、Si、Cl、Ca，4 种试样仍然有大量的 $CaCO_3$ 存在。石灰石原矿、氯化石灰石、水洗氯化石灰石、轻烧氯化石灰石中 Ca 的含量分别为 16.75%、16.75%、16.75%、19.75%。能谱分析结果表明，石灰石脱氯剂表面只有部分的 $CaCO_3$ 参加了与 HCl 的化学反应，大量的 $CaCO_3$ 仍然存在于石灰石脱氯剂表面。水洗、轻烧氯化石灰石试样后，仍有大量的 $CaCO_3$ 存在，为石灰石脱氯剂重复利用提供了基础。轻烧可以去除氯化石灰石试样中的氯元素，而水洗无法去除。轻烧氯化石灰石试样，氯元素含量为零，这是因为石灰石与 HCl 反应生成的 $CaCl_2$ 沸点比较低，在 700℃ 轻烧过程中，挥发散逸出去，离开石灰石表面，石灰石脱氯剂可以再生，进行第二次使用。氯化石灰石试样氯元素含量为 0.03%，经过水冲洗方式，氯元素含量为 0.06%。氯化后的石灰石经过水洗的方式，氯元素含量从 0.03% 升高到 0.06%，增加了 100%。这是由于水洗方式中的自来水中含有氯元素，水洗方式不仅没有去除掉脱氯剂中的氯，而且带入了一部分氯元素。

表 5 - 12　石灰石原矿能谱分析结果　　　　　　　　（%）

元　素	C	O	Si	Nb	Ca	Cl
含　量	33.30	48.32	0.95	0.68	16.75	0.00

表 5 - 13　氯化石灰石试样能谱分析结果　　　　　　（%）

元　素	C	O	Si	Mg	Ca	Cl
含　量	34.84	49.45	1.04	0.25	16.75	0.03

表 5 – 14　水洗氯化石灰石试样能谱分析结果　　（%）

元　素	C	O	Si	Mg	Ca	Cl
含　量	34.84	49.45	1.04	0.17	16.75	0.06

表 5 – 15　轻烧氯化石灰石试样能谱分析结果　　（%）

元　素	C	O	Si	Mg	Ca	Nb
含　量	31.15	47.40	0.05	0.25	19.75	0.77

5.4.6　新型复合脱氯剂的研究

通过研究不同单组分脱氯剂性能并加以改进，可以开发出适宜高炉煤气脱除 HCl 的复合脱氯剂。为了评估新型复合脱氯剂（CHD 型脱氯剂）的脱氯效果，选择改性石灰石和一种石油化工行业使用较多的商用脱氯剂（NJ 型脱氯剂）作为对比脱氯剂，其中改性石灰石是石灰石原矿经过 KOH 浸泡后，在 700℃条件下经过轻烧获得。

新型脱氯剂的活性组分主要选取轻烧石灰石粉末和 $NaCO_3$，配加其他碱金属添加剂。基于理论计算分析和筛选出合适的活性组分，考虑到经济成本，新型自制脱氯剂的制备采用滚球成型法。将各种脱氯剂活性组分原料经密封式制样粉碎机研磨成的一定颗粒度（≤0.074mm）的细粉，加入一定量黏结剂和造孔剂，干混混匀。通过圆盘造球机造球，筛选出 3 ~ 10mm 粒径的小球，自然风干或经过 100℃低温焙烧 4h 后为成品。自制脱氯剂与改性石灰石、商用脱氯剂的一次穿透氯容进行比较，选取粒度均为 3 ~ 10mm。穿透氯容量实验结果见表 5 – 16 和图 5 – 14。

自制的新型复合脱氯剂的穿透氯容量较高，远大于商用脱氯剂和改性石灰石的穿透氯容量。其中新型自制复合脱氯剂穿透氯容量是商用脱氯剂的近 10 倍，是改性石灰石脱氯剂的近 2 倍。改性石灰石脱氯剂的穿透氯容量略高于轻烧石灰石，结果表明改性石灰石脱氯剂比轻烧石灰石在脱除高炉煤气中的 HCl 气体时更有效。原因是改性石灰石经过改性，不仅增加了石灰石孔隙率、微孔数量、反应活性和比表面积，使物理吸附和化学吸附 HCl 能力提高，而且在添加了少量 KOH 添加剂后，单位质量脱氯剂生成的 H_2O 增多，H_2O 越多，H_2O 中溶解的 HCl 越多，单位脱氯剂穿透氯容量越高。石油化工行业使用较多的商用复合脱氯剂穿透氯容量较低，并不适合作为高炉煤气中 HCl 的脱除剂。原因可能为这种脱氯剂用于石油液体或低流速、低流量气体脱氯，介质或气体流速、流量和高炉煤气有很大区别，所以采用的活性组分并不适合高炉煤气的脱氯剂。

表 5 – 16　三种复合脱氯剂的穿透氯容量　　（%）

编　号	名　称	穿透氯容量
1 号	NJ 型复合脱氯剂	1.2300
2 号	CHD 型复合脱氯剂	8.7000
3 号	改性石灰石脱氯剂	6.1070

表 5 – 17 和图 5 – 15 所示为新型自制脱氯剂、改性石灰石、商用脱氯剂的穿透时间实验结果对比，其中试验选用试样粒度范围为 3 ~ 6mm。

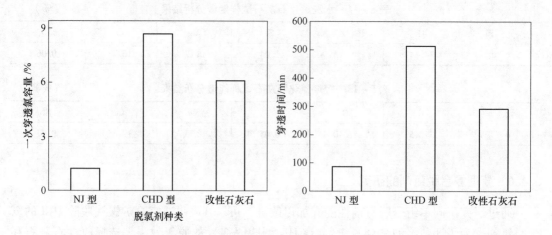

图 5 - 14 三种复合脱氯剂穿透氯容量对比 图 5 - 15 三种复合脱氯剂穿透时间对比

表 5 - 17 三种复合脱氯剂的穿透时间 （min）

编　号	名　称	穿透时间
1 号	NJ 型复合脱氯剂	86
2 号	CHD 型复合脱氯剂	315
3 号	改性石灰石脱氯剂	293

　　从表 5 - 17 和图 5 - 15 中可以看出，新型自制复合脱氯剂的穿透时间最长，约为 513min，高于商用复合脱氯剂（49.6%）和改性石灰石（73%）。

　　通过比较新型复合脱氯剂、改性石灰石和石油行业使用较多的商用脱氯剂的穿透时间和穿透氯容量，这种自制的新型复合脱氯性能最佳。说明通过合适的活性组分选取和配比，采用恰当的脱氯剂造球和成型工艺，可以制备出适宜高炉煤气脱除 HCl 的复合脱氯剂。

　　高炉煤气中的脱氯剂不仅要考虑穿透氯容量，也要考虑脱氯剂的实际使用情况。试验过程中发现改性石灰石中有部分 KOH，与高炉煤气中 HCl 反应后，未造成改性石灰石固体大量黏结，未发现成股液体流出，但是在改性石灰石表面发现明显水残留，表面湿润。高炉炉顶煤气中含尘量较大，湿润的改性石灰石表面容易吸附炉尘，可能影响改性石灰石脱除 HCl 的效果。这种新型自制的复合脱氯剂在穿透氯容量试验后，反应器温度较高，脱氯剂表面和反应器内壁附着少量的黄绿色黏稠状物质。原因是脱氯剂与 HCl 气体反应放出了大量的热，导致反应器温度显著升高。在新型脱氯剂表面和反应器内壁附着少量的黄绿色黏稠状物质，主要为水中溶解的 Cl_2，Cl_2 的颜色为黄绿色。黄绿色 Cl_2 生成原因是新型复合脱氯剂中混有一定比例的黏结剂，黏结剂中含有少量 MnO_2，MnO_2 与浓盐酸在加热的条件下，可以生成 Cl_2、$MnCl_2$ 和 H_2O，化学反应方程式如（5 - 45）所示：

$$MnO_2 + HCl(浓) \rightleftharpoons MnCl_2 + H_2O + Cl_2(g) \qquad (5 - 45)$$

　　由于 Cl_2 具有强氧化性，可能与煤气管道中的金属发生氧化还原反应，加强高炉煤气中 HCl 的腐蚀煤气管道、附属设备的速度。所以，脱氯剂中添加物应尽量避免含有 MnO_2。

　　高炉煤气脱氯剂的主要活性组分为轻烧石灰石和 Na_2CO_3。虽然 $NaHCO_3$、KOH 穿透氯容量较高，但是由于 $NaHCO_3$ 在热空气中发生分解，KOH 在高炉煤气管道和其他附属设备造成严重腐蚀，不适合单独作为高炉煤气的脱氯剂。轻烧石灰石与石灰石相比，层状结构明显减少，可以增加石灰石反应活性、比表面积，形成数量比较多的微孔，有助于提高石灰石穿透氯容量。合适的石灰石、Na_2CO_3 的粒度是保障脱氯效果的充分条件。颗粒直径过小导致料层透气性较差，边缘气流发展，与高炉煤气中 HCl 气体相接触的脱氯剂数量、表面积减少，不利于脱除高炉煤气中 HCl 气体；颗粒直径处在比较细的范围内增大时，随着粒度的增加，穿透时间升高；颗粒直径超过 10mm 粒径的范围后，再增加颗粒直径，与高炉煤气中 HCl 气体相接触的脱氯剂数量、表面积减少，不利于脱除高炉煤气中的HCl 气体。增加脱氯剂料层厚度可以延长高炉煤气中 HCl 气体在脱氯剂中的穿行时间，增加高炉煤气中 HCl 与脱氯剂接触的机会，增大与脱氯剂反应表面积，延长脱氯剂穿透时间，增强脱氯剂的脱氯效果。脱氯剂穿透氯容量随温度升高而增加，脱氯剂穿透氯容量增长速度随温度升高而下降。在 0.10~0.14MPa 压力范围内，脱氯剂的穿透氯容量并没有随着压力的增高而增高，穿透氯容量几乎没有变化，压力对增加脱氯剂的穿透氯容量作用不显著，对脱氯剂脱氯效果未见明显影响。轻烧氯化石灰石试样后，仍有大量的 $CaCO_3$ 存在，氯元素在 700℃ 轻烧过程中，挥发散逸出去，离开石灰石表面，氯化石灰石脱氯剂可以再生继续使用。

参 考 文 献

[1] 陈小东, 邓万里. 高炉干法除尘后煤气管道腐蚀情况分析及对策 [J]. 冶金能源, 2011 (6): 16~19.

[2] 程万, 罗喜胜, 杨基明. 高超声速喷管中水蒸气凝结的数值研究 [J]. 中国科学 G 辑, 2009 (9): 1330~1337.

[3] Gui Yongliang, Song Chunyan, Yang Li, et al. Microstructure and tribological properties of NiMo/Mo$_2$Ni$_3$Si intermetallic "in-situ" composites [J]. Journal of Alloys and Compounds, 2011 (509): 4987~4991.

[4] Land E. The theory of acid deposition and its application to the dew point meter [J]. Journal of the Institute of Fuel, 1977: 23~27.

[5] Gui Yongliang, Qi Xuejing, Song Chunyan. Metallic tribological compatibility of Mo$_{ss}$-toughened Mo$_2$Ni$_3$Si metal silicide alloys [J]. Materials Science Forum, 2012 (704, 705): 1068~1072.

[6] 宋春燕, 贵永亮, 胡宾生, 等. 金属硅化物及其复合材料的研究进展 [J]. 材料导报, 2009, 23 (12): 101~103.

[7] 宋春燕, 张伟, 杨丽, 等. 烧结机台车用铸铁材料的应用及展望 [J]. 材料导报, 2012, 26: 402~404.

[8] 王树忠. 高炉煤气中含氯对煤气系统运行的影响 [J]. 冶金动力, 2006, 3 (3): 23~26.

[9] 刘长云. 高炉煤气中酸性气体分析及应对措施 [J]. 上海煤气, 2007, 3 (3): 29~31.

[10] 党东红, 郜来森. 干法除尘高炉煤气腐蚀问题探讨 [J]. 冶金动力, 2007, 6 (6): 24~26.

[11] 杨福忠. 高炉煤气余压发电 (TRT) 干法运行研究 [J]. 冶金动力, 2010 (12): 142~144.

[12] 傅元坤, 汤学松. 高炉氯平衡及氯在煤气管网中的分布 [J]. 安徽工业大学学报, 2012, 29 (3): 198~201.

[13] 曹宇. 我国进口铁矿石运输市场及船舶营运研究 [D]. 重庆: 重庆大学, 2009.

[14] 龙运波, 张裕书, 闫武, 等. 印度尼西亚某海滨含铁矿选矿试验研究 [J]. 金属矿山, 2010: 51~53.

[15] Kalkreuth W, Borrego A G, Alvarez D, et al. Exploring the possibilities of using brazilian subbituminous coals for blast furnace pulverized fuel injection [J]. Fuel, 2005 (84): 763~772.

[16] 杨镇. 高炉煤气干法除尘中煤气管道快速腐蚀问题探讨 [J]. 世界钢铁, 2010 (5): 43~49.

[17] Verdone N, De Filippis. Reaction kinetics of hydrogen chloride with sodium carbonate [J]. Chemical Engineering Science, 2006 (61): 7487~7496.

[18] Shemwell B, Levendis, Y A, Simons G A. Laboratory study on the high-temperature capture of HCl gas by dry injection of calcium-based sorbents [J]. Chemosphere, 2001 (42): 785~796.

[19] Verdone N, De Filippis P. Thermodynamic behaviour of sodium and calcium based sorbents in the emission control of waste incinerators [J]. Chemosphere, 2004 (54): 975~985.

[20] Mura G, Lallai A. Reaction kinetics of gas hydrogenchloride and limestone [J]. Chem. Eng. Sci., 1994, 49 (24): 4491~4500.

[21] Dou B, Gao J, Sha X. A study on the reaction kinetics of HCl removal from high temperature coal gas [J]. Fuel Processing Technology, 2001 (72): 23~33.

[22] Mäkipää M, Kauppinen E, Lind T, et al. Super-heater tube corrosion in recovery boilers [C]. In: VTT symposium 2001 Finland: VTT Man-ufacturing Technology Espoo, 2001: 157~180.

[23] Lehmusto J, Skrifvars B J, Yrjas P, et al. High temperature oxidation of metallic chromium exposed to eight different metal chlorides [J]. Corros Sci., 2011 (53): 3315~3323.

[24] Wang Y, Curtarolo S, Jiang C, et al. Abinitio latticestability incomparison with CALPHAD lattice stability [J]. CALPHAD, 2004 (28): 79~90.

[25] 吕凯, 胡宾生, 贵永亮, 等. 高炉煤气中脱氯剂的活性组分 [J]. 钢铁研究学报, 2014, 26 (12): 15~18.

[26] 胡宾生, 贵永亮, 胡桂渊, 等. 高炉炉顶煤气中 HCl 气体脱除的试验研究 [J]. 环境工程, 2016 (1): 78~80.

煤粉喷吹的流态化过程

6.1 绪言

依靠流体流动的作用，使固体颗粒悬浮在流体中或随流体一起流动的过程称为固体流态化。固体流态化技术于 1926 年首先在煤粉气化炉中应用。20 世纪 40 年代固体流态化技术在催化裂化制造汽油的装置中成功地应用，使这种技术得到充分重视和很快的发展。目前固体流态化技术在固体物料的化学加工，气固相催化反应过程，固体物料的干燥、加热与冷却、吸附和浸取等传质分离过程以及固体物料的输送等过程中已广泛应用，成为化工、冶金、动力等多学科的一个很重要的领域。

固体流态化可以用气体或液体进行，目前工业上用得较多的是气体。本章主要介绍气固系统中的煤粉在流化喷吹罐内的流态化过程。

6.2 煤粉流态化过程的研究方法

煤粉的流态化试验是利用专门设计的流化喷吹罐来进行的，流化喷吹罐是由有机玻璃制成的，其结构示意图如图 6-1 所示。实验室研究用流化喷吹罐的最上部分的内部直径为 0.19m，总高度为 0.38m，有效容积为 4.9dm³。

试验用煤粉的真实密度及粒度组成见表 6-1。煤粉的密度是指单位体积煤粉的质量。煤粉具有一定的流动特性，煤粉的密度对煤粉的流动性影响巨大，故测定粉体的密度对煤粉加工、输送、存储等方面都具有重要意义。煤粉的密度根据所指的体积不同分为真实密度和堆积密度，堆积密度又细分为松装密度和振实密度。

真实密度（true density）是煤粉在绝对密实状态下单位体积的质量，指的是粉体质量除以不包括颗粒内外空隙的体积（真体积）求得的密度。松装密度（bulk density）用处于自然堆积状态的未经振实的颗粒物料的

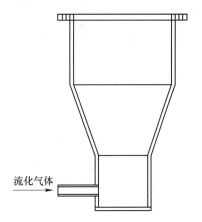

图 6-1 流化喷吹罐结构示意图

总质量除以堆积物料的总体积求得。振实密度（tap density）是按照一定的要求将自然堆积的粉体振实后测的，它是经振实后的颗粒堆积体的平均密度。

根据测定介质的不同，粉体真密度的测定方法也不同，一般可分为气体容积法和浸液法。气体容积法是以气体取代液体测定样品所排出的体积，此法排除了浸液法对样品溶解的可能性，具有不损坏样品的优点。但测定时易受温度的影响，还需注意漏气问题。气体容积法又分为定容积法与不定容积法。浸液法是将粉末浸入在易润湿颗粒表面的浸液中，

表 6 - 1　试验用煤粉的真实密度及粒度组成

煤　种	真实密度 /kg · m⁻³	粒度组成/%		
		0.044 ~ 0.075mm	0.075 ~ 0.150mm	0.15 ~ 0.430mm
神府煤	1453	35	50	15
宝桥煤	1522	35	50	15
高平煤	1557	35	50	15

测定样品所排除液体的体积, 此法必须真空脱气以完全排除气泡。真空脱气操作可采用加热煮沸法和减压法, 或者两法同时并用。浸液法主要有比重瓶法和悬吊法。其中, 比重瓶法具有仪器简单、操作方便、结果可靠等优点, 已成为目前应用较多的测定真密度的方法。比重瓶法不适应粒度小于 5μm 的超细粉体, 因为这类超细粉体在其表面上有更多机会强烈地吸附剂气体。要除去吸附气体, 常需要在高温真空下处理。

将粉体装入容器中所测得的体积包括粉体真体积、粒子内空隙、粒子间空隙等。测量容器的形状、大小、物料的装填速度及装填方式等均影响粉体体积。不施加外力时所测得的密度为松装密度。振实堆积密度不包括颗粒内外孔及颗粒间空隙。对堆放了粉体样品的标准容器施加额外的振动, 对松装状态的粉体进行振实后, 粉体堆积体的平均密度就是振实密度。振实密度测量设备已经非常普及, 操作也非常简便。

煤粉流态化试验用煤种分别为神府煤、宝桥煤和高平煤。其中, 神府煤是烟煤、宝桥煤和高平煤是无烟煤。试验所用的煤都要在鼓风式电热恒温干燥箱内烘干 2h, 干燥箱的温度恒定在 80℃ 左右, 然后借助于密封式制样粉碎机进行制样, 将粉碎后的煤粉放在振筛机内振动筛分 20min 后进行粒度分级, 根据试验方案的要求配制出不同粒度组成的煤粉, 根据流化喷吹罐的形状和大小, 确定流化喷吹罐内装入的煤粉量为 2kg。

从流化喷吹罐下部通入流化介质, 煤粉的流态化试验使用的流化介质为压缩空气, 由空气压缩机提供, 并利用硅胶进行干燥处理。通过调节玻璃转子流量计来控制通入流化喷吹罐内的气体流量, 从而控制流化喷吹罐内的气流速度。

6.3　理论临界流态化速度

根据流态化的理论[1], 煤粉要实现流态化, 流化喷吹罐内的气流速度必须达到临界流态化速度。煤粉在流化喷吹罐内实现流态化的理论临界流态化速度的计算公式为:

$$U_{mf} = \frac{d_p^2(\rho_p - \rho_a)}{1650\mu_a} g \tag{6-1}$$

式中　U_{mf}——临界流态化速度, m/s;

d_p——煤粉颗粒的直径, m;

ρ_p——煤粉的真实密度, kg/m³;

ρ_a——空气的密度, kg/m³;

μ_a——空气的动力黏度, kg/(m · s);

g——重力加速度, m/s²。

查阅文献［2］的有关数据, 可知空气的密度 $\rho_a = 1.29$kg/m³, 空气的动力黏度 $\mu_a =$

$1.70 \times 10^{-5} \text{kg/(m·s)}$。

根据粉体技术[3]的理论，假定用 d 代表由 $d_i \sim d_j$ 粒级内所有煤粉颗粒的粒度，W 代表由 $d_i \sim d_j$ 粒级内所有煤粉颗粒的质量，则煤粉颗粒平均直径的计算公式为：

$$d_p = \frac{\sum W}{\sum \left(\dfrac{W}{d}\right)} \qquad (6-2)$$

利用表 6-1 中的数据，根据公式（6-2）可以计算出煤粉颗粒的平均直径，再根据公式（6-1）可以计算出煤粉在流化喷吹罐内实现流态化的理论临界流态化速度。煤粉颗粒的平均直径和理论临界流态化速度计算结果列于表 6-2 中。

表 6-2　煤粉的平均直径和理论临界流态化速度计算结果

煤　种	平均直径/mm	理论临界流态化速度/m·s⁻¹
神府煤	0.091	0.042
宝桥煤	0.091	0.044
高平煤	0.091	0.045

从表 6-2 中可以看出，在试验选定的 3 种煤中，神府煤的理论临界流态化速度最小，只有 0.042m/s；高平煤的理论临界流态化速度最大，达到了 0.045m/s；宝桥煤的临界流态化速度为 0.044m/s，介于神府煤和高平煤之间。但是，3 种煤粉的理论临界流态化速度相差并不大，神府煤与高平煤的理论临界流态化速度只相差 7%，神府煤与宝桥煤的理论临界流态化速度只相差 5%，高平煤与宝桥煤的理论临界流态化速度只相差 2%。也就是说，按照理论计算，在相同的试验条件下，神府煤实现流态化所需的气体流量最低，高平煤实现流态化所需的气体流量最高，宝桥煤实现流态化所需的气体流量介于神府煤和高平煤之间。

6.4　试验结果及分析

当流化气体由下部吹入流化喷吹罐以后，随着气流的上升，由于流化喷吹罐自下而上内径逐渐变大，因此气流速度逐渐变小。要实现煤粉的流态化，通入流化喷吹罐内的气体流量至少能使煤粉层的上表面达到临界流态化速度，这样就能够保证流化喷吹罐内的整个煤粉层处于流态化状态。

根据流体力学的理论，气流速度的计算公式[2]为：

$$U = \frac{4Q}{\pi d^2} \qquad (6-3)$$

式中　U——气流速度，m/s；

　　　Q——气体流量，m³/s；

　　　d——流化喷吹罐上段内径，m。

分别测定 3 种煤粉实现流态化的气体流量，再根据公式（6-3）计算出 3 种煤粉实现流态化的实际临界流态化速度，试验结果见表 6-3。

表 6-3　煤粉的实际临界流态化速度试验结果

煤　种	气体流量/$m^3 \cdot h^{-1}$	实际临界流态化速度/$m \cdot s^{-1}$
神府煤	6.0	0.059
宝桥煤	6.4	0.063
高平煤	6.6	0.065

　　从表 6-3 的试验结果可以看出，当流化气体流量小于 6.0m^3/h 时，3 种煤粉都不会产生任何流化的迹象。当流化气体流量达到 6.0m^3/h 时，只有神府煤实现了流态化，宝桥煤和高平煤仍然处于静止不动的状态，根据式（6-3）可以计算出此时的气流速度为0.059m/s。当气体流量达到 6.4m^3/h 时，宝桥煤也实现了流态化，根据式（6-3）可以计算出此时的气流速度为 0.063m/s。只有当流化气体流量达到 6.6m^3/h 时，高平煤才实现流态化，同样可以根据式（6-3）计算出此时的气流速度为 0.065m/s。在试验选定的 3 种煤粉中，神府煤实现流态化所需的气体流量比较小，实际临界流态化速度也比较低，高平煤实现流态化所需的气体流量最大，因此实际临界流态化速度也最大，宝桥煤的实际临界流态化速度介于高平煤和神府煤之间，这与理论临界流态化速度的计算结果是一致的。也就是说，烟煤实现流态化的实际临界流态化速度低于无烟煤实现流态化的实际临界流态化速度，这主要是由于烟煤的堆积密度比无烟煤小造成的。

　　根据表 6-2 和表 6-3 中的数据，将煤粉实现流态化的理论临界流态化速度和实际临界流态化速度进行对比，如图 6-2 所示。从图 6-2 中可以看出，试验选定的 3 种煤粉的实际临界流态化速度都大于其理论临界流态化速度，并且相差很大。神府煤的实际临界流态化速度与理论临界流态化速度相差40%，宝桥煤的实际临界流态化速度与理论临界流态化速度相差43%，高平煤的实际临界流态化速度与理论临界流态化速度相差44%，即烟煤实际临界流态化速度与理论临界流态化速度之间的差别小于无烟煤。

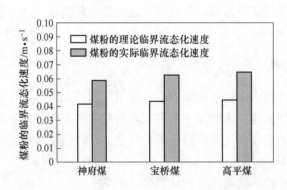

图 6-2　煤粉的理论临界流态化速度与实际临界流态化速度对比

　　当气流速度达到理论临界流态化速度时，流化喷吹罐内的煤粉颗粒并不能立即实现流态化。这主要是由于流化喷吹罐内的煤粉颗粒比较细小，比表面积比较大，相邻煤粉颗粒之间产生了很强的静态吸附力[4]，使煤粉颗粒之间产生了团聚现象。因此，要实现煤粉的流态化，就必须克服煤粉颗粒之间的静态吸附力，破坏掉煤粉颗粒之间的团聚现象[5]，也就是必须增大气流速度，使气流速度超过理论临界流态化速度。

根据粉体力学[3]的原理可知,煤粉颗粒之间的静态吸附力与煤粉颗粒的质量成正比,由于无烟煤的真实密度大于烟煤,也就是相同大小的无烟煤颗粒的质量大于烟煤颗粒的质量,从而导致无烟煤颗粒之间产生的静态吸附力大于烟煤颗粒之间的静态吸附力,无烟煤颗粒之间的团聚现象也就更加明显。因此,在流化喷吹罐内无烟煤实现流态化的实际临界流态化速度与理论临界流态化速度的差别就大于烟煤,也就是说,无烟煤实现流态化所需要克服的静态吸附力大于烟煤实现流态化所需要克服的静态吸附力。

6.5　煤粉的流态化过程

流化喷吹罐内煤粉在高压气体下的运动情况很像沸腾的液体,具有一些类似于液体的性质,如具有流动性,煤粉颗粒能像液体那样从上部小孔流出。流化喷吹这种类似于液体的流动性可以实现固体煤粉颗粒在流化喷吹罐内与输送管道间的流动。由于流化喷吹罐内煤粉颗粒处于悬浮状态下并不停地运动,特别是由于气泡的运动,颗粒处于强烈地上下左右的运动之中,使床层基本上处于全混状态,浓度场趋于均匀化。煤粉颗粒的剧烈运动使颗粒间和颗粒与罐壁间产生强烈的碰撞和摩擦,造成煤粉颗粒的进一步粉碎和罐壁面的磨损。

煤粉在流化喷吹罐内的流态化是个逐步实现的过程。当从流化喷吹罐下部通入流化气体以后,随着气体流量的逐渐增大,气流速度逐渐增大,煤粉颗粒将出现不同的运动状态。根据煤粉颗粒在流化喷吹罐内的运动状态,可以将煤粉的流态化过程分为以下三个阶段。

(1)固定床阶段。当有气体通入但流量较小时,气流速度较低,煤粉层高度保持不变,煤粉颗粒之间仍保持紧密接触,静止不动,气体穿过煤粉颗粒之间的空隙到达煤粉层的上部。此时,气流对煤粉颗粒的作用力(在流态化技术中称为曳力,方向向上[6])比较小。这时的流化喷吹罐内的煤粉层就构成了固定床。

(2)流态化阶段。随着通入流化气体流量的逐渐增加,气流速度逐渐增大,气流对煤粉颗粒的曳力也逐渐增大。当气流速度增大到某一定值时,流化喷吹罐内煤粉层的开始松动,煤粉颗粒之间的团聚现象也受到了破坏。此时,整个煤粉层处于临界流态化状态,但此时的实际气流速度并不等于理论计算的临界流态化速度,而是大于理论计算的临界流态化速度。然后,随着气体流量的继续增加,气流速度继续增大并超过了煤粉的实际临界流态化速度后,气流对煤粉颗粒的曳力也就超过了煤粉颗粒之间的静态吸附力。此时,整个煤粉层开始膨胀,煤粉层高度明显增大,煤粉颗粒间出现了杂乱无章的剧烈运动,如同沸腾的液体一样。这就是煤粉的流态化阶段,也称为流化床阶段。

(3)气力输送阶段。在流态化阶段,部分粒径比较小的煤粉颗粒在气流的曳力和浮力作用下被带出流化喷吹罐,而进入输送管道。当气流速度继续增大,将有更多的煤粉颗粒被气流带出流化喷吹罐,而进入输送管道。这就是气力输送阶段,也称为气流床阶段。为了实现煤粉均匀、稳定地输送,煤粉输送性能测定试验应该处在这个阶段[7]。

参 考 文 献

[1]〔日〕国井大藏. 流态化工程〔M〕. 北京:石油化学工业出版社,1977.

[2] 周亨达. 工程流体力学（修订版）[M]. 北京：冶金工业出版社，1988.

[3] 陆厚根. 粉体技术导论 [M]. 上海：同济大学出版社，1998.

[4] 王爱书，胡惠民. 细颗粒节涌流化床流化性能的研究 [C] //第三届全国流态化会议论文集，1984.

[5] Lee Dong-Hyun, Kim Sang-Done. Mathematical model for batch drying in an inert medium fluidized bed [J]. Chemical Engineering and Technology, 1999, 22 (5)：443～450.

[6] 张蕴璧. 流态化选论 [M]. 西安：西北大学出版社，1989.

[7] 宋春燕，胡宾生，贵永亮. 煤粉在流化喷吹罐内流化行为 [J]. 河北理工学院学报，2004，26 (1)：11～14.

7   煤粉的输送性能

7.1 绪言

高炉喷煤工艺流程种类繁多、特点各异，通常可根据下述方法加以分类：

（1）按喷吹方式可分为直接喷吹和间接喷吹。直接喷吹方式是将喷吹罐设置在制粉系统的煤仓下面，直接将煤粉喷入高炉风口，高炉附近无需喷吹站。其特点是节省喷吹站的投资及相应的操作维护费用。这种方式中小高炉采用较多。间接喷吹则是将制备好的煤粉，经专用输煤管道或罐车送入高炉附近的喷吹站，再由喷吹站将煤粉喷入高炉。其特点是投资较大，设备配置复杂，除喷吹罐组外，还必须配制相应的收粉、除尘装置。

（2）按喷吹罐布置形式可分为并列式喷吹和串罐式喷吹，通过罐的顺序倒换或交叉倒换来保证高炉不间断喷煤。为便于处理喷吹事故，通常并列罐数最好为 3 个。并列式喷吹若采用顺序倒罐，则对喷吹的稳定性会产生一定的影响，而采用交叉倒罐则可改善喷吹的稳定性，但后者必须配备精确的测量和控制手段。另外，并列式喷吹占地面积大，但喷吹称量简单、投资较串罐式的要小。因此，常用于小高炉直接喷吹流程系统。串罐式喷吹是将两个主体罐重叠设置而形成的喷吹系统。其中，下罐也称为喷吹罐，它总是处于向高炉喷煤的高压工作状态。而上罐也称为加料罐，它仅当向下罐装粉时才处于与下罐相连通的高压状态，而其本身在装粉称量时，则处于常压状态。装卸煤粉的倒罐操作须通过连接上下罐的均排压装置来实现。根据实际需要，串罐可以采用单系列，也可以采用多系列，以满足大型高炉多风口喷煤的需要。串罐式喷吹装置占地小、喷吹距离短、喷吹稳定性好，但称量复杂，投资也较并列式的大。这种喷吹装置是国内外大型高炉采用较多的一种喷吹装置。

随着高炉喷煤技术的发展，高炉喷吹用煤对煤粉的质量提出了更高的要求，即燃烧性好、可磨性好、输送性能好等。国内外学者对煤粉的燃烧性能和可磨性能做了大量的研究工作，取得了许多具有实际应用价值的成果，而煤粉的输送性能直到最近几年才引起炼铁工作者的注意。

关于煤粉的输送性能，目前还没有统一的衡量标准和准确的测定方法。曾经借助粉体的一些概念，简单地用安息角来评判煤粉的输送性能，这显然是不合适的，因为安息角只是用来描述煤粉流动性的静态指标之一，不能用来表征输送的动态过程。流动性是指在规定条件下决定粉体流动能力的特性，它反映了粉料在料仓内架桥的可能性。而煤粉的输送过程不仅与煤粉在喷吹罐内的流动行为有关，还与煤粉在输送管道内的悬浮状态以及运动特征有关。因此，煤粉的流动性并不等于煤粉的输送性能，用安息角来描述煤粉的输送性能是不科学的，也是不准确的。

7.2 煤粉输送技术的发展

7.2.1 粉体输送技术

粉体是由不连续的微粒构成的,是固体中的一个特殊领域。它具有一些特殊的物理性质,如流动性、吸湿性、充填性、凝聚性、带电性、巨大的比表面积和很小的松密度等。测定粉体的流动性并进一步改善它的流动性能,对粉体的生产工艺、传输、储存、装填以及工业中的粉末冶金、医药中不同组分的混合、农林业中杀虫剂的喷撒等都具有重要的意义[1,2]。

粉体气力输送是一项利用气体能量输送固体颗粒的古老而有效的技术,迄今已有100多年的历史[3]。气力输送固态粉状物料始于19世纪前半叶,而真正形成气力输送技术则在20世纪30年代中期以后,开始只是用旋风法或过滤法从气体中分离出被输送的粉状物料,然后才扩展到克服逆向压降将粉状物料送入输送管线[4]。粉体气力输送技术首先应用于制药、食品、塑料和化工等行业[5],用于炼铁输送煤粉则是在50年代末至60年代初开始的[6]。

7.2.2 粉体的流动性

过去对粉体流动性的认识仅仅局限于粉体的安息角,并根据粉体的安息角来设计料仓,结果料仓内粉体的流动情况并不理想[7]。许多从事粉体工程研究的学者为此做了大量工作,并提出了很多描述粉体流动性的方法,其中以卡尔流动性指数法和詹尼克流动性参数法最具代表性。

7.2.2.1 卡尔流动性指数法

卡尔通过对2800种粉体试样进行测定,归纳提出了一套比较全面的表征粉体流动性的方法,即对粉体的安息角、压缩率、平板角(铲板角)、凝集率(对于细粉料)或均匀性系数(对于粗粉料)等指标进行测定,将测定结果换算成表示其高低程度的点数(每项以25点为满值),然后采用"点加法"得出总点数作为流动性指数 FI,并以此流动性指数来评估粉体的流动性。卡尔流动性指数法认为,$FI \geqslant 60$ 的粉体为流动性较好的粉体,便于输送操作;$60 > FI \geqslant 40$ 的粉体容易发生输送管道的堵塞;$FI < 40$ 的粉体为流动性不好的粉体,不便于输送操作,并且后两者在生产过程中都需要采取助流活化措施[8]。例如,日本清新公司制作的 MT-1000 型多功能粉体物性测定仪[9]就是在卡尔流动性指数法的基础上建立的,该测试仪可以同时测定卡尔指数所必需的4个检测项目。在卡尔流动性指数法测定的4项指标中,应用较多的是安息角,甚至还有人简单地用安息角来代替卡尔流动性指数。

安息角(又称堆积角、休止角)ϕ_y 是指粉体自然堆积时的自由表面在静止平衡状态下与水平面所形成的最大角度。安息角常用来衡量和评价粉体的流动性。安息角有两种形式:一种称为注入角(即堆积角),指的是在一定高度下将粉体注入到某一理论上无限大的平板上所形成的安息角;另一种称为排出角,指的是将粉体注入到某一有限直径的圆板上,当粉体堆积到圆板边缘时,如再注入粉体,则多余粉体将由圆板边缘排出而在圆板上形成的安息角。这两种形式的安息角在数值上是有差别的,这种差别与粉体的粒度分布有关。一般来讲，粒度分布比较均匀的粉体所形成的两种形式的安息角在数值上差别不大，但对于粒度分布比较宽的粉体，排出角与注入角相差很大，通常是排出角大于注入角。

安息角的测定方法有很多种，如图7-1所示。图（a）为火山口法，（b）为排出法，（c）为残留圆锥法，（d）为等高注入法，（e）为容器倾斜法，（f）为回转圆筒法。相对于火山口法、排出法、容器倾斜法和回转圆筒法，残留圆锥法和等高注入法的干扰因素比较少，但圆锥体的高度与底部直径对安息角的测定均有一定的影响。对粒度较粗的粉体堆积时，很容易出现分料现象，使堆积料的粒度分布不均匀。对黏结性比较强的粉体物料，粉体的黏结力对粉体的流动性影响比较大，因而只宜采用残留圆锥法和等高注入法来测定其注入角。火山口法和排出法这两种方法在测定黏结性比较强的粉体物料时，其排出角一般比注入角大。容器倾斜法和回转圆筒法这两种方法因粉体物料层受容器的形状限制比较厉害，因而测定的粉体安息角的值一般偏大，但用这两种方法测定充气性粉体的安息角比较适宜。

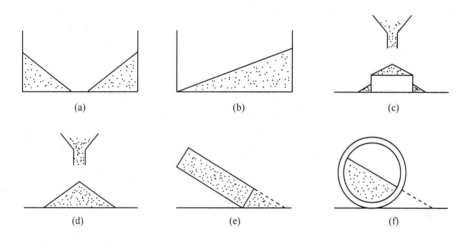

图7-1 安息角的测定方法

（a）火山口法；（b）排出法；（c）残留圆锥法；（d）等高注入法；（e）容器倾斜法；（f）回转圆筒法

7.2.2.2 詹尼克流动性参数法

20世纪60年代初期，詹尼克等[8]针对料仓设计与使用过程中卸料口结拱与堵塞等问题，以粉体力学理论为基础进行了大量的实验和深入的理论研究，提出了一整套表示料仓内粉体流动性的参数，并进而提出了料仓定量设计的方法和理论。詹尼克流动性参数包括粉体的内摩擦角、有效内摩擦角、壁摩擦角、容积密度、开放屈服强度、可压缩因数以及透气性因数。

7.2.3 高炉喷煤浓相输送技术

浓相输送是利用气体输送粉状物料的技术和过程。当气流中颗粒浓度在$0.05m^3/m$以下，固气混合系统的空隙率$\varepsilon > 0.95$时，称为稀相输送；当气流中颗粒浓度在$0.2m^3/m$以上，固气混合系统的空隙率$\varepsilon < 0.8$时，称为浓相输送。稀相输送的主要设备是喷射泵，压缩空气直接作用于物料的单个颗粒上，使物料呈沸腾状态。稀相输送的固气比低，压缩

空气耗量大，而且物料流速快，致使管道磨损严重，物料破损率高。浓相输送技术是套管式气力压送式输送，与稀相输送比较，固气比高、气流速度小、输送压力低，因而相对减少了压缩空气用量，降低了能耗和物料破损率。

流态化输送一般称为浓相输送，气流速度小于 15m/s、固气比大于 20，此时物料在管道中已不再均匀分布，而呈密集状态，但管道并未被物料堵塞，因而仍然是依靠空气的动能来输送。

浓相输送管一般由内管和外管两根管子配合组成，特制的内管焊接在外管上壁。两根管子一根送入固体颗粒状物料，一根送入压缩空气。不同规格的浓度管用法兰相接，浓相输送管线阻力发生变化的地方采用特制的分流器连接，减少氧化铝输送过程的阻力和磨损。采用内管是浓相输送是关键，内管的开口距离和输送过程中的气流速度对输送过程影响极大。

浓相输送管的工作原理就是利用流体的最小阻力原理。从压力角度来讲，移动一段短料柱所需的总压力小。从气流速度来讲，在切割料栓时，气速的影响是很重要的。因为气流速度高会形成长料栓，气流速度低则形成短料栓，并且由内管产生的脉冲力不同，逐渐降低气流速度，料栓的长度变短，到一定程度就会转变为流态化的物料流动，要想采用较低的空气压力将浓相料栓送走，就要求将料栓长度切短。

高炉喷煤浓相输送是先将煤粉管下部的煤粉通过流化床进行流态化，然后在罐压作用下输送到高炉风口[10]。按照粉状物料的物理性质（比重、粒度等）从流化床下部吹入一定气体后，使流化床上部的物料开始"悬浮"起来，形成气固两相混合流，成为类似液体流动的状态，这时通过流化床的气流速度称为临界流化速度（U_{mf}）。当气体通过流化床的流速继续增加直到将粉状物料悬浮起来，这时的气体流速即达到颗粒的悬浮速度（U_t）。如果再进一步增加气流速度，部分粉状物料将被吹出，因气体量增加，单位体积内的颗粒浓度降低，从而成为稀相。因此，实现浓相输送的适宜气流速度应控制在 $U_{mf} < U < U_t$ 范围内[11]。但是，在气力输送过程中，还要克服固体颗粒之间的摩擦阻力和颗粒与管壁之间的摩擦阻力。此外，在输送管中气流沿管径分布不均匀，管壁附近存在边界层，因而在输送粉状物料时所需要的实际气流速度要比颗粒的悬浮速度高几十倍。一般在浓相输送时，粉状物料在水平管道中的输送速度为 4~7m/s。叶才彦等[12,13]的研究表明：粉状物料的浓相输送与流化速度、补气量、输送管径等因素有关。

国外高炉喷煤系统中采用煤粉浓相输送工艺较好的是德国昆特勒公司，1985 年煤粉浓相输送技术首先应用于汉波恩厂高炉，1987 年起先后在施韦尔根 3600~4800m³ 高炉上应用，并取得了良好使用效果。日本川崎千叶 5 号高炉和中山厂 1 号高炉也采用类似的工艺[14,15]。宝钢 2 号高炉从日本川崎引进该技术，喷吹罐的流化床上装有 36 根支管，每根支管上均设有补气器，用以调节每个风口的喷煤量，该系统的输煤浓度一般为 10~15kg/kg。石家庄钢铁公司[16]从德国引进 KOSTE 工艺，喷吹管带有 12 根支管，输送管径为 12mm，输送距离为 146m，煤粉输送浓度达到了 46kg/kg。

7.2.4　煤粉的粉体特性

煤粉输送实质上属于粉体技术。根据粉体输送的理论[17]，煤粉在实际输送过程中产生的现象都是煤粉物理性能的综合反映。因此，研究煤粉的输送，首先就要研究煤粉的物理特性和输送过程的关系。

国内外对煤粉燃烧性能和可磨性能的研究做了大量工作，但对煤粉物理性能的研究相对较少。近年来，由于不仅要求煤粉均匀、稳定地输送，而且要求浓相输送，因此才开始重视煤粉物理性能的研究。高炉喷吹煤粉的输送方式大多都采用流化输送的方式[18]，在流化输送过程中，煤粉的物理性质对煤粉的输送过程影响很大，涉及的参数主要包括：煤粉颗粒的尺寸、煤粉颗粒的球形度、煤粉的密度、煤粉的空隙率、煤粉的安息角和流动性等[19]。研究比较多的是煤粉的流动性，这些研究几乎都是根据粉体技术的理论来进行的。杨兴森等[20]研究结果表明，煤粉颗粒本身的物理性质对煤粉流动特性影响最大的是煤粉颗粒的大小和密度。北京钢铁研究总院的张鹏等[21]利用 MT - 1000 型多功能粉体物性测定仪对 3 种煤粉的粉体特性进行了测量和研究，并综合评价了其流动特性和喷流特性，探讨了在生产加工中的一些注意事项和具体应用。

7.2.5　煤粉的输送性能

煤粉的输送性能对高炉喷吹煤粉的输送过程影响很大。高炉喷吹煤粉过程中出现的空枪和堵枪现象都与煤粉的输送性能有关，高炉喷煤浓相输送技术要求煤粉均匀、稳定地输送，也与煤粉的输送性能有关。煤粉的输送性能不仅反映煤粉所受重力对煤粉输送过程的影响，还反映输送气体对煤粉在流化喷吹罐和输送管道内流动状态的影响。因此，煤粉的输送性能是煤粉物理性能和输送气体流动状态的综合反映，是一个动态工艺参数。但是，到目前为止，还没有一个统一的衡量标准和准确的测定方法来描述煤粉的输送性能。

煤粉的输送性能不仅与煤种有关，还与成品煤的性质、煤粉的粒度组成有关，而且在混合喷吹时，宜选用可磨性指数相近的煤种，因为粒度较均匀的煤粉具有较好的输送性能。但是，目前对煤粉输送性能并没有系统的研究成果。

高炉喷吹煤粉过程中经常会出现堵枪、空枪等一些不正常的喷吹现象，这些现象都与煤粉输送性能息息相关。高炉喷吹煤粉的浓相输送技术要求煤粉均匀、稳定的输送，这也与煤粉的输送性能有关。煤粉输送性能是煤粉物理性能和气体流动状态的综合表现，影响煤粉输送性能的因素主要有煤种、煤粉的水分含量、煤粉的粒度组成等，而煤种、煤粉的水分含量、煤粉的粒度组成等因素又将影响到磨煤机的出口温度、磨煤机的生产能力和电力消耗等工艺参数。

7.3　试验用煤及其分析

试验选用了神府煤、红强煤、东胜煤、太西煤、宝桥煤、高平煤和阳泉煤 7 个煤种，所用煤均为高炉喷吹用煤常用煤种，其工业分析和显微组分分析分别如表 7 - 1 和表 7 - 2 所示。

表 7 - 1　试验用煤粉的工业分析　　　　　　　　　　　（%）

煤　种	FC_d	A_d	V_d	$S_{t,d}$	M_{ad}
神府煤	62. 17	6. 77	31. 06	0. 28	5. 13
红强煤	68. 13	8. 56	23. 31	0. 23	2. 72
东胜煤	59. 19	9. 35	31. 46	0. 34	8. 27

煤　种	FC_d	A_d	V_d	$S_{t\,d}$	M_{ad}
太西煤	83.95	6.94	9.11	0.19	0.88
宝桥煤	80.93	10.39	8.68	0.37	1.60
高平煤	81.35	10.55	8.10	0.32	1.22
阳泉煤	79.98	13.14	6.61	0.78	1.39

表 7 - 2　试验用煤粉的煤岩显微组分分析　　　　　　　　　　（%）

煤　种	镜质组	丝质组	稳定组	矿　物
神府煤	48.86	44.29	0	6.85
红强煤	54.28	32.88	0.68	12.16
东胜煤	45.85	47.63	0.79	5.73
太西煤	95.16	0	0.81	4.03
宝桥煤	93.70	2.52	0	3.78
高平煤	94.06	2.43	0.07	3.44
阳泉煤	92.38	1.34	0	6.28

如表 7 - 1 和表 7 - 2 所列，神府煤、红强煤和东胜煤的挥发分比较高（ > 20% ）。是典型的烟煤，并且其丝质组含量也比较高（ > 30% ）。太西煤、宝桥煤、高平煤和阳泉煤是无烟煤，这 4 种无烟煤的挥发分比较低，都在 10% 以下，镜质组含量比较高，都在90% 以上；丝质组含量比较低，都在 5% 以下，其中太西煤基本上不含丝质组。

7.4　试验用设备

7.4.1　煤粉输送性能测定装置

试验所用的主要设备是自行研制的煤粉输送性能测定装置，其结构示意图如图 7 - 2所示。

煤粉输送性能测定装置主要由气源、减压装置、气体流量控制装置、流化喷吹罐、称量系统、数据采集系统、煤粉输送管道和煤粉收集装置组成。气源部分由空气压缩机提供，主要作用是为整个流化喷吹系统提供压缩空气，包括流化用气体和充压用气体。减压装置由活塞式减压阀构成，主要作用是控制整个流化喷吹系统的压力。气体流量控制装置由 1 台 LZB - 25 型、3 台 LZB - 10 型玻璃转子气体流量计构成，主要作用是控制流化用气体和充压用气体的流量。流化喷吹罐由有机玻璃制成，以便能够清楚地观察到煤粉的流态化状态。称量系统由精度为 0.1g 的电子天平构成，能够迅速地称量出煤粉的瞬时质量。数据采集系统由数据传输线和一台计算机构成，能够快速、准确地将煤粉的瞬时质量传送到计算机中。煤粉输送管道由一根长 5m、内径为 11mm 的不锈钢管构成，由于在煤粉输送过程中煤粉颗粒对输送管道的磨损比较严重，而有机玻璃管的耐磨性能又比较差，所以煤粉输送性能测定装置的输送管道采用不锈钢管。煤粉收集装置由尼龙布袋组成，因为尼龙布袋能够很好地收集煤粉，并具有良好的透气性。因为煤粉的输送采用的是流化输送的

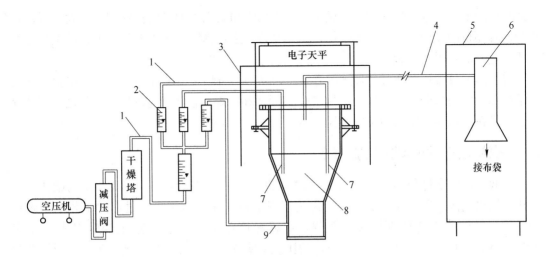

图 7-2　煤粉输送性能测定装置示意图

1—高压胶管；2—LZB 系列气体流量计；3—支架；4—不锈钢管（11mm($\phi_\text{内}$）×5m)；

5—煤粉接收箱；6—煤粉接收器；7—充压气体；8—流化喷吹罐；9—流化气体

方式，因此煤粉输送性能测定装置的核心部分是流化喷吹罐[22]。

煤粉干燥所用设备是鼓风式电热恒温干燥箱，煤粉的制备采用的设备是密封式制样粉碎机，煤粉的筛分采用的设备是标准筛振筛机和各个型号的标准分样筛。

7.4.2　煤粉输送性能测定的试验参数

煤粉输送性能测定装置采用单管路流化输送的形式，流化喷吹罐是自行设计并利用有机玻璃加工制造的。有机玻璃流化喷吹罐能承受的最大压力为 0.2MPa，实际应用时的压力不宜超过最大承受压力的 60%，为安全起见，将煤粉输送系统的总压控制在 0.12MPa 以内。为了保证整个煤粉输送系统的压力，又考虑到空气压缩机的设计压力为 0.88MPa，因此将空气压缩机的起始压力设定为 0.2MPa，终止压力设定为 0.6MPa。

根据煤粉流态化的试验结果，煤粉要实现流态化的实际临界流态化速度一般在 6.0 ~ 6.5m³/h 之间，为了使煤粉的输送试验处在煤粉流态化过程的气力输送阶段，煤粉的输送过程还需要一定的充压气体来补充流化喷吹罐的罐压，因此将煤粉输送试验的风量确定为 8.5m³/h。其中，流化用气体量控制为 6.5m³/h 左右，充压用气体分两个支路，每个支路的气体流量分别控制在 1.0m³/h 左右，流化气体的流量通过一个 LZB-25 型玻璃转子气体流量计来控制，充压气体的流量分别通过两个 LZB-10 型玻璃转子气体流量计控制。为了能够更准确地描述煤粉的输送过程，计算机采集电子天平显示质量的时间设定为 3s 一次。

7.5　煤粉输送性能测定试验过程

将试验用煤放在鼓风式电热恒温干燥箱内烘干 2h，干燥箱的温度恒定在 80℃ 左右，然后借助于密封式制样粉碎机进行制样，将粉碎后的煤粉放在振筛机内振动筛分 20min 后完成粒度分级，根据试验方案的要求配制出不同粒度组成的煤粉，再利用自行研制的煤粉输送性能测定装置进行煤粉的输送试验。由于烟煤和无烟煤的可磨性能相差很大，所以在进行混合煤粉的输送试验时，无烟煤和烟煤要分别进行制样，人工混匀后再根据试验方案的要求进行混合煤粉配置。

煤粉的水分含量是通过外加水的方式来控制的，将烘干后的煤粉试样按照试验方案的要求配加一定的水分，混匀后在密封状态下润湿2h。煤粉输送试验的固气比是通过调整煤粉输送管在流化喷吹罐内的位置来控制的。

7.6 煤粉输送性能测定试验方案

试验选定的变量分别为喷吹煤种、煤粉粒度组成、煤粉水分含量、无烟煤的配比、固气比、输送气体介质，各个变量的变化范围都是根据高炉喷煤生产过程的工艺参数确定的。喷吹煤种分别选用烟煤和无烟煤。煤粉粒度组成的变化通过改变煤粉中粒度在0.074mm以下煤粉（-200目，下同）的比例来实现，煤粉中-200目的比例分别控制为0%、20%、40%、60%、100%。煤粉的水分含量分别控制为0%、1%、2%、3%、4%、5%。无烟煤的配比分别控制为0%、30%、40%、50%、60%、70%、100%。固气比分别为1kg/kg和16kg/kg。输送气体介质分别选用空气和氮气。具体试验方案见表7-3。

表7-3 煤粉输送性能测定试验方案

序号	煤 种	水分 /%	粒度组成/%			输送 介质	固气比 /kg·kg^{-1}
			-200目	100~200目	40~100目		
1	神府煤	0	35	50	15	空气	1.0
2	红强煤	0	35	50	15	空气	1.0
3	宝桥煤	0	35	50	15	空气	1.0
4	太西煤	0	35	50	15	空气	1.0
5	高平煤	0	35	50	15	空气	1.0
6	神府煤	0	0	100	0	空气	1.0
7	神府煤	0	20	80	0	空气	1.0
8	神府煤	0	40	60	0	空气	1.0
9	神府煤	0	60	40	0	空气	1.0
10	神府煤	0	100	0	0	空气	1.0
11	50%神府煤+50%宝桥煤	0	0	100	0	空气	1.0
12	50%神府煤+50%宝桥煤	0	20	80	0	空气	1.0
13	50%神府煤+50%宝桥煤	0	30	70	0	空气	1.0
14	50%神府煤+50%宝桥煤	0	40	60	0	空气	1.0
15	50%神府煤+50%宝桥煤	0	50	50	0	空气	1.0
16	50%神府煤+50%宝桥煤	0	60	40	0	空气	1.0
17	50%神府煤+50%宝桥煤	0	100	0	0	空气	1.0
18	神府煤	0	35	50	15	空气	1.0
19	神府煤	1	35	50	15	空气	1.0
20	神府煤	2	35	50	15	空气	1.0

序号	煤 种	水分/%	粒度组成/%			输送介质	固气比/kg·kg⁻¹
			-200 目	100 ~ 200 目	40 ~ 100 目		
21	神府煤	3	35	50	15	空气	1.0
22	神府煤	4	35	50	15	空气	1.0
23	神府煤	5	35	50	15	空气	1.0
24	50% 神府煤 + 50% 宝桥煤	0	35	50	15	空气	1.0
25	50% 神府煤 + 50% 宝桥煤	1	35	50	15	空气	1.0
26	50% 神府煤 + 50% 宝桥煤	2	35	50	15	空气	1.0
27	50% 神府煤 + 50% 宝桥煤	3	35	50	15	空气	1.0
28	50% 神府煤 + 50% 宝桥煤	4	35	50	15	空气	1.0
29	100% 神府煤 + 0% 宝桥煤	0	35	50	15	空气	1.0
30	70% 神府煤 + 30% 宝桥煤	0	35	50	15	空气	1.0
31	60% 神府煤 + 40% 宝桥煤	0	35	50	15	空气	1.0
32	50% 神府煤 + 50% 宝桥煤	0	35	50	15	空气	1.0
33	40% 神府煤 + 60% 宝桥煤	0	35	50	15	空气	1.0
34	30% 神府煤 + 70% 宝桥煤	0	35	50	15	空气	1.0
35	0% 神府煤 + 100% 宝桥煤	0	35	50	15	空气	1.0
36	神府煤	0	35	50	15	空气	16.0
37	红强煤	0	35	50	15	空气	16.0
38	高平煤	0	35	50	15	空气	16.0
39	太西煤	0	35	50	15	空气	16.0
40	阳泉煤	0	60	40	0	空气	1.0
41	阳泉煤	0	60	40	0	氮气	1.0
42	东胜煤	0	60	40	0	空气	1.0
43	东胜煤	0	60	40	0	氮气	1.0
44	20% 东胜煤 + 80% 阳泉煤	0	60	40	0	空气	1.0
45	20% 东胜煤 + 80% 阳泉煤	0	60	40	0	氮气	1.0

注：1. -200 目代表粒度小于 0.074mm，100 目代表粒度为 0.150mm，40 目代表粒度为 0.420mm；以下换算同。

2. 表中部分方案的煤粉输送过程的失重曲线见附录。

7.7 煤粉安息角的研究

煤粉安息角是采用等高注入法来测定的，如图 7 - 3 所示。等高注入法是煤粉从某一高度经漏斗自由降落到一块理论上无限大的干燥玻璃板上，煤粉在玻璃板上形成自然堆积状态，测定煤粉堆积的底面直径 D 和高度 H，再根据几何方法计算出煤粉的安息角。等高注入法中煤粉安息角的计算公式为：

$$\alpha = \arctan \frac{2H}{D} \tag{7-1}$$

式中 α——煤粉的安息角，(°)；

    H——堆积煤粉的高度，m；

    D——堆积煤粉的底面直径，m。

煤粉安息角的测定结果见表7-4和图7-4。从表7-4和图7-4中可以看出，在试验选定的5种煤粉中，神府煤的安息角最大，达到30°，红强煤和高平煤的安息角最小，红强煤的安息角只有21°，宝桥煤和太西煤的安息角介于神府煤和红强煤之间。神府煤和红强煤是烟煤，但是两种煤粉的安息角相差43%。宝桥煤、太西煤和高平煤都是无烟煤，宝桥煤与太西煤的安息角比较接近，只相差1°；宝桥煤与高平煤的安息角相差27%；太西煤与高平煤的安息角相差23%。

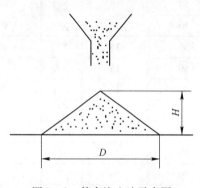

图7-3 等高注入法示意图

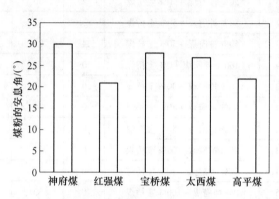

图7-4 煤粉安息角的对比

表7-4 煤粉安息角的测定结果

煤种	水分 /%	粒度组成/%			D/cm	H/cm	煤粉安息角 /(°)
		-200目	100~200目	40~100目			
神府煤	0	35	50	15	18.8	5.4	30
红强煤	0	35	50	15	27.6	5.4	21
宝桥煤	0	35	50	15	18.8	5.0	28
太西煤	0	35	50	15	23.2	5.8	27
高平煤	0	35	50	15	25.2	5.2	22

从试验结果可以得出这样的结论：在水分含量和粒度组成都相同的条件下，不同煤种的安息角相差很大，并且烟煤和无烟煤的安息角没有明显的规律。

影响煤粉安息角的因素主要是煤粉本身的质量条件和煤粉层的堆积性质。在本次试验中，所测定的5种煤粉本身的质量条件是相同的，因此，导致煤粉安息角不同的原因只能是煤粉层的堆积性质。在试验选定的5种煤种，神府煤的真实密度和视在密度都是最小的，神府煤的真实密度只有1500kg/m³，红强煤的真实密度和视在密度都是最大的，红强煤粉的真实密度达到了1605kg/m³，高平煤与红强煤的真实密度和视在密度都比较接近，而宝桥煤和太西煤的真实密度和视在密度介于神府煤和红强煤之间。煤粉的真实密度小，说明煤粉的流动性差，因此，神府煤的流动性最差，红强煤和高平煤的流动性最好，宝桥煤和太西煤的流动性介于神府煤和红强煤之间。这就是导致不同煤种的煤粉安息角差别很大的主要原因。

7.8　煤粉输送性能的提出

　　为了准确地描述煤粉的输送性能,有必要提出一个评价指标。利用计算机系统采集的神府煤粉在输送过程中的失重曲线如图7-5所示。

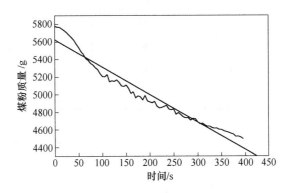

图7-5　神府煤粉的失重曲线

　　用最小二乘法对煤粉在输送过程中的失重曲线进行线性回归,以回归直线斜率的相反数"$-dW/dt$"来表示煤粉的输送性能。"$-dW/dt$"的实际意义是单位时间内从流化喷吹罐喷出而进入输送管道的煤粉质量,即煤粉的输送速度。这个参数是煤粉在流化喷吹罐内的流动行为和在输送管道内的悬浮状态及运动特征的综合反映。

7.9　煤种对煤粉输送性能的影响

　　煤种对煤粉输送性能影响的试验结果见表7-5和图7-6所示。从表7-5和图7-6可以看出以下几点:

　　(1) 在试验选定的2种烟煤中,神府煤的输送性能比较好,输送速度达到了192.2g/min,红强煤的输送性能比较差,输送速度为186.5g/min,但是两者相差并不大,只有3%。

　　(2) 在试验选定的3种无烟煤中,太西煤的输送性能最好,输送速度达到了174.0g/min,高平煤的输送性能都最差,输送速度只有131.9g/min,宝桥煤的输送性能介于太西煤和高平煤之间,输送速度为138.3g/min,并且三种无烟煤的输送速度相差很大,太西煤和高平煤的输送速度相差32%。

　　(3) 在相同的试验条件下,烟煤的输送速度大于无烟煤的输送速度,烟煤的输送性能好于无烟煤的输送性能。在试验选定的5种煤粉中,相同的煤粉质量条件下,烟煤中输送性能比较好的神府煤与无烟煤中输送性能比较差的高平煤的输送速度相差46%,烟煤中输送性能比较好的神府煤与无烟煤中输送性能比较好的太西煤的输送速度相差11%,烟煤中输送性能比较差的红强煤与无烟煤中输送性能比较差的高平煤的输送速度相差41%,烟煤中输送性能比较差的红强煤与无烟煤中输送性能比较好的太西煤的输送速度相差7%。

　　烟煤的输送性能好于无烟煤的主要原因可能是由于烟煤中丝质组含量比较高,从表7-2可以看出,神府煤中丝质组含量高达44.29%,红强煤中丝质组含量为32.88%,而宝桥煤和太西煤中几乎不含丝质组。根据煤化学的理论,丝质组的黏性比较低,从而导致

表 7 - 5　煤粉输送性能的测定结果

煤种	水分/%	粒度组成/%			煤粉的输送速度/g·min⁻¹
		-200 目	100~200 目	40~100 目	
神府煤	0	35	50	15	192.2
红强煤	0	35	50	15	186.5
宝桥煤	0	35	50	15	138.3
太西煤	0	35	50	15	174.0
高平煤	0	35	50	15	131.9

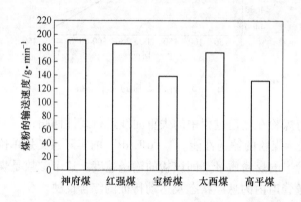

图 7 - 6　煤粉输送性能的对比

烟煤中煤粉颗粒之间的黏结力降低，有利于煤粉在流化喷吹罐内的流化和在输送管道内的流动。神府煤输送性能比较好的原因还与神府煤的结构有关，神府煤的结构比较疏松，这就使得神府煤的堆积密度比较小，煤粉颗粒之间的相互引力也随之减小，从而有利于煤粉在流化喷吹罐内的流化和在输送管道内的流动，改善了煤粉的输送性能。

7.10　煤粉安息角与煤粉输送性能的对比

如果简单地用煤粉的安息角和流动性来评判煤粉的输送性能，认为如果煤粉的安息角越大，煤粉的流动性就越差，从而推断煤粉的输送性能就越差；相反，如果煤粉的安息角越小，煤粉的流动性就越好，从而推断煤粉的输送性能也就越好。但是从神府煤、红强煤、宝桥煤、太西煤和高平煤 5 种煤粉的安息角和输送性能的测定结果对比看出，煤粉安息角的大小与煤粉输送性能的好坏并不完全一致。如果用安息角来评判煤粉的输送性能，根据表 7 - 4 和图 7 - 4 的试验结果可以看出，在试验选定的 5 种煤中，应该是神府煤的输送性能最差，红强煤和高平煤的输送性能最好，因为神府煤的安息角最大、流动性最差，红强煤和高平煤的安息角最小、流动性最好。但是，从表 7 - 5 和图 7 - 6 中对 5 种煤粉输送性能的测定结果来看，神府煤的输送性能最好，高平煤的输送性能最差。

根据文献 [23] 的观点，煤粉的输送过程不仅与煤粉在流化喷吹罐内的流动行为有关，还与煤粉在输送管道内的悬浮及运动状态有关。因此，煤粉的输送性能不仅受到煤粉本身物理性质的影响，还要受到输送气体运动状态的制约，应该是在动态条件下测定的工艺参数。而安息角只是用来描述煤粉流动性的指标之一,煤粉流动性是指在规定条件下决定煤粉流动能力的特性,它能反映煤粉在料仓内架桥的可能性。煤粉的安息角和流动性都是在静态条件下测定的参数,静态参数显然不能准确地预测和描述动态工艺参数,只能作为参考参数。因此,用煤粉的安息角和流动性来预测煤粉的输送性能是不准确的。

7.11 煤粉粒度组成对煤粉输送性能的影响

在测定煤粉粒度组成对单种煤粉和混合煤粉输送性能影响的试验中,单种煤粉选用输送性能比较好的神府煤,混合煤粉选用50%神府煤 +50%宝桥煤。煤粉粒度组成对单种煤粉输送性能影响的试验结果见表7-6和图7-7,煤粉粒度组成对混合煤粉输送性能影响的试验结果见表7-7和图7-8。从表7-6、表7-7、图7-7和图7-8可以看出以下几点:

(1) 随着煤粉中 -200目比例的增加,神府煤的输送速度呈明显增加的趋势,煤粉的输送性能得到明显改善。当煤粉中 -200目的比例为0%时,神府煤的输送速度只有99.5g/min。而当煤粉中 -200目的比例提高到100%时,神府煤的输送速度达到了259.7g/min,增加了161%。

表 7 -6　煤粉粒度组成对单种煤粉输送性能的影响

煤种	水分/%	粒度组成/%		煤粉的输送速度 /g·min^{-1}
		-200目	100~200目	
神府煤	0	0	100	99.5
	0	20	80	170.2
	0	40	60	192.0
	0	60	40	192.9
	0	100	0	259.7

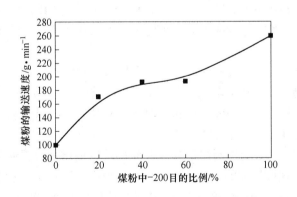

图 7 -7　煤粉粒度组成对单种煤粉输送性能的影响

表 7 -7　粒度组成对混合煤粉输送性能的影响

煤　种	水分/%	粒度组成/%		煤粉的输送速度 /g·min^{-1}
		-200目	100~200目	
50%神府煤 +50%宝桥煤	0	0	100	89.1

煤 种	水分/%	粒度组成/%		煤粉的输送速度/g·min^{-1}
		−200 目	100~200 目	
50% 神府煤 +50% 宝桥煤	0	20	80	118.4
50% 神府煤 +50% 宝桥煤	0	30	70	121.9
50% 神府煤 +50% 宝桥煤	0	40	60	131.6
50% 神府煤 +50% 宝桥煤	0	50	50	133.0
50% 神府煤 +50% 宝桥煤	0	60	40	180.8
50% 神府煤 +50% 宝桥煤	0	100	0	243.0

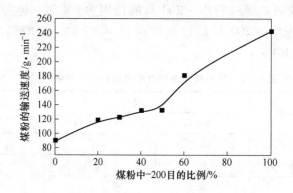

图 7 - 8 煤粉粒度组成对混合煤粉输送性能的影响

（2）当煤粉中 −200 目的比例在 20% ~60% 的范围内增加时，神府煤粉输送速度增加的幅度比较小。当煤粉中 −200 目的比例为 20% 时，神府煤粉的输送速度为 170.2g/min；当煤粉中 −200 目的比例提高到 60% 时，神府煤粉的输送速度增加到了 192.9g/min，只增加了 13%。

（3）随着煤粉中 −200 目比例的增加，混合煤粉（50% 神府煤 +50% 宝桥煤）的输送速度呈明显增加的趋势，煤粉的输送性能得到明显改善。当煤粉中 −200 目的比例为 0%时，混合煤粉的输送速度只有 89.1g/min；而当煤粉中 −200 目煤粉的比例提高到 100%时，混合煤粉的输送速度达到了 243.0g/min，增加了 173%。

（4）当煤粉中 −200 目的比例在 20% ~50% 的范围内增加时，混合煤粉（50% 神府煤 +50% 宝桥煤）输送速度增加的幅度比较小。当煤粉中 −200 目的比例为 20% 时，混合煤粉的输送速度为 118.4g/min；当煤粉中 −200 目的比例提高到 50% 时，混合煤粉的输送速度增加到了 133.0g/min，只增加了 12%。

（5）随着煤粉中 −200 目比例的增大，单种煤粉和混合煤粉的输送性能都随之改善。也就是说，煤粉的粒度越细，煤粉的输送性能越好；相反，煤粉的粒度越粗，煤粉的输送性能越差。

从物理学的角度来考虑，在流化喷吹罐内，由于细小的煤粉颗粒所受的重力比较小，对流化气体的阻力也比较小，而粒度较大的煤粉颗粒对流化气体的阻力比较大。因此，细小的煤粉颗粒在比较小的气流曳力下就可以从流化喷吹罐喷出而进入输送管道,粒度较大的煤粉颗粒则需要比较大的气流曳力。当煤粉颗粒进入输送管道以后,细小煤粉颗粒的体积比较小、比表面积比较大,因此输送气体与煤粉颗粒之间的相互作用力就比较大,也就有利于煤粉在流化喷吹罐内的流化和在输送管道内的流动,从而增加了煤粉的输送速度。

从粉体力学的角度来看,在流化喷吹罐和输送管道内,煤粉颗粒容易聚集在一起,这说明煤粉颗粒之间存在着附着力。煤粉颗粒在流化喷吹罐和输送管道内的聚集情况对煤粉的输送性能影响很大。根据粉体力学的原理[24],在粉体范围内,煤粉颗粒之间的附着力主要有以下几种:

(1) 由于分子间引力而导致的煤粉颗粒之间的相互吸引力,这种力在粉体力学上也称为煤粉颗粒间的范德华引力。在这里,假定煤粉颗粒都是球形颗粒,那么就可以将两个煤粉颗粒所含分子之间的所有吸引位能进行加和,从而导出两个煤粉颗粒之间的吸引位能。两个分子之间的范德华吸引位能 Φ'_A 的表达式为:

$$\Phi'_A = -\frac{\lambda}{x^6} \tag{7-2}$$

式中　x——分子之间的间距,m;

　　　λ——与分子本性有关的引力常数。

设有两个直径都是 D 的煤粉球形颗粒,它们的分子数密度为 N,两个煤粉颗粒的表面间距为 a,并且 $a \ll D$,则这两个煤粉颗粒之间的吸引位能 Φ_A 的表达式为:

$$\Phi_A = -\frac{AD}{24a} \tag{7-3}$$

式中　A——哈梅克常数,$A \equiv \pi^2 N^2 \lambda$,其数量级约为 10^{-20}J。

相应地,两个煤粉颗粒之间的相互吸引力 F 为:

$$F = -\frac{d\Phi_A}{da} = -\frac{AD}{24a^2} \tag{7-4}$$

式中　F——煤粉颗粒之间的相互吸引力,N;

　　　A——哈梅克常数,J;

　　　D——煤粉颗粒的直径,m;

　　　a——煤粉颗粒的表面间距,m。

从式(7-4)可以看出,在分子表面间距相同的情况下,煤粉颗粒之间的相互引力 F 与煤粉颗粒的直径 D 成正比,也就是说,煤粉颗粒直径越大,它们之间的相互作用力就越大。因此,粒度较粗的煤粉颗粒之间具有比较大的相互吸引力,在煤粉输送过程中就需要更大的气流速度来破坏它们之间的相互吸引力,从而使煤粉的输送性能变差。

(2) 由于煤粉颗粒所带静电荷而引起的静电力。在流化喷吹罐和输送管道内,由于煤粉颗粒之间以及煤粉颗粒与器壁之间的相互碰撞和摩擦,使得煤粉颗粒很容易带上静电荷。

但是,由于不同煤粉颗粒带同种电荷和带异种电荷的几率相等,也就是煤粉颗粒之间表现出引力和斥力的几率相同,而斥力有利于煤粉输送,引力不利于煤粉输送,因此煤粉颗粒之间的静电力对煤粉的输送过程影响很小。

（3）由于煤粉颗粒附着水分而形成的毛细管力。煤粉颗粒所含的水分包括化合水分、表面吸附水分和附着水分。附着水分是指两个煤粉颗粒接触点附近的毛细管水分。当两个煤粉颗粒相互接触形成毛细管水后，水的表面张力的收缩作用将引起两个煤粉颗粒之间的牵引力，称为毛细管力。但是，由于本研究所用的煤粉全部烘干，已经不含水分，煤粉颗粒之间不会形成毛细管力。

（4）磁性力。由于煤粉基本上没有磁性，在煤粉输送过程中这种力一般不会发挥作用。

（5）由于煤粉颗粒表面不平滑而引起煤粉颗粒之间的机械咬合力。这种力相对煤粉颗粒所受的重力和煤粉颗粒之间的相互引力小得多，因此这种力对煤粉的输送过程影响也很小。

7.12　煤粉水分含量对煤粉输送性能的影响

在测定煤粉水分含量对单种煤粉和混合煤粉输送性能影响的试验中，单种煤粉选用输送性能比较好的神府煤，混合煤粉选用 50% 神府煤 + 50% 宝桥煤。煤粉水分含量对单种煤粉输送性能影响的试验结果见表 7-8 和图 7-9，煤粉水分含量对混合煤粉输送性能影响的试验结果见表 7-9 和图 7-10。

表 7-8　煤粉水分对单种煤粉输送性能的影响

煤　种	水分/%	粒度组成/%			煤粉的输送速度 /g·min⁻¹
		-200 目	100~200 目	40~100 目	
神府煤	0	35	50	15	192.2
	1	35	50	15	197.3
	2	35	50	15	198.9
	3	35	50	15	191.2
	4	35	50	15	176.1
	5	35	50	15	167.2

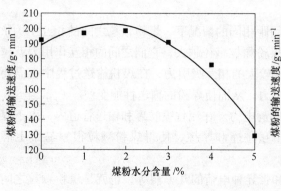

图 7-9　煤粉水分对单种煤粉输送性能的影响　　图 7-10　煤粉水分与混合煤粉输送性能的影响

表 7 - 9　煤粉水分对混合煤粉输送性能的影响

煤　　种	水分 /%	粒度组成/%			煤粉的输送速度 /g·min⁻¹
		-200 目	100～200 目	40～100 目	
50% 神府煤 +50% 宝桥煤	0	35	50	15	132.2
50% 神府煤 +50% 宝桥煤	1	35	50	15	145.9
50% 神府煤 +50% 宝桥煤	2	35	50	15	159.7
50% 神府煤 +50% 宝桥煤	3	35	50	15	147.7
50% 神府煤 +50% 宝桥煤	4	35	50	15	125.1

为了使试验结果具有更好的可比性，表 7 - 8、表 7 - 9、图 7 - 9 和图 7 - 10 中所示煤粉的输送速度均为根据煤粉的水分含量进行校对后的数据。从表 7 - 8、表 7 - 9、图 7 - 9 和图 7 - 10 所示的试验结果可以看出以下几点：

（1）当煤粉中的水分含量低于 2% 时，随着煤粉中水分含量的增加，神府煤粉的输送速度呈现出增加的趋势，但增加的幅度比较小，煤粉输送性能也随之改善。当煤粉中不含水分时，神府煤粉的输送速度是 192.2g/min；当煤粉中的水分含量达到 2% 时，输送速度达到了 198.9g/min，增加了 3%。

（2）当煤粉中的水分含量超过 2% 后，随着煤粉中水分含量的增加，神府煤的输送速度呈现出明显降低的趋势，煤粉的输送性能也随之恶化。当煤粉中水分含量达到 5% 时，神府煤粉的输送速度降到了 167.2g/min，以神府煤粉水分含量为 2% 时的输送速度为基准，神府煤粉的输送速度降低了 19%。

（3）当煤粉中的水分含量低于 2% 时，随着煤粉中水分含量的增加，混合煤粉（50% 神府煤 +50% 宝桥煤）的输送速度呈现出明显增加的趋势，输送性能也随之改善。当煤粉中不含水分时，混合煤粉（50% 神府煤 +50% 宝桥煤）的输送速度只有 132.2g/min；当煤粉含水量达到 2% 时，输送速度达到了 159.7g/min，增加了 21%。

（4）当煤粉中的水分含量超过 2% 以后，随着煤粉中水分含量的增加，混合煤粉（50% 神府煤 +50% 宝桥煤）的输送速度呈现出明显降低的趋势，输送性能也随之恶化。当煤粉中水分含量达到 4% 时，混合煤粉（50% 神府煤 +50% 宝桥煤）的输送速度降到了 125.1g/min，以水分含量为 2% 时的输送速度为基准，混合煤粉（50% 神府煤 +50% 宝桥煤）的输送速度降低了 28%。

（5）按照表 7 - 8 的数据，以煤粉中水分的百分含量为横坐标，煤粉的输送速度为纵坐标作图，再对所作出的图形进行二次拟和处理以后，可以得到煤粉水分含量与神府煤粉输送性能的关系曲线，该曲线为一个抛物线，如图 7 - 9 所示。该抛物线的方程为：

$$-\frac{\mathrm{d}W}{\mathrm{d}t} = -5.84m_{\mathrm{H_2O}}^2 + 18.14m_{\mathrm{H_2O}} + 188.96 \qquad (7-5)$$

式中　$-\dfrac{\mathrm{d}W}{\mathrm{d}t}$——煤粉的输送速度，g/min；

　　　　$m_{\mathrm{H_2O}}$——煤粉中水分的百分含量，%。

（6）按照表 7 - 9 的数据，以煤粉中水分的百分含量为横坐标，煤粉的输送速度为纵坐标作图，再对所作出的图形进行二次拟和处理以后，可以得到煤粉水分含量与混合煤粉

（50%神府煤 +50%宝桥煤）输送性能的关系曲线，该曲线为一个抛物线，如图 7 - 10 所示。该抛物线的方程为：

$$-\frac{\mathrm{d}W}{\mathrm{d}t} = -7.03m_{H_2O}^2 + 26.87m_{H_2O} + 130.54 \qquad (7-6)$$

式中　$-\dfrac{\mathrm{d}W}{\mathrm{d}t}$ ——煤粉的输送速度，g/min;

　　　m_{H_2O}——煤粉中水分的百分含量,%。

煤粉中所含的水分按其存在状态可以分为吸附水、薄膜水、毛细管水和重力水，按照煤粉中的水分含量，首先形成吸附水和薄膜水，当水分含量超过一定范围后将形成毛细管水和重力水[8]。

当煤粉中水分含量比较低时，煤粉中的水分以吸附水和薄膜水的状态存在。当煤粉中所含的水分在吸附水和薄膜水范围内提高时，由于水分子具有偶极性而中和了煤粉颗粒表面所带有的剩余静电荷，也可以对煤粉颗粒之间的相互作用力起到一定的屏蔽作用，煤粉颗粒表面的过剩表面自由能也将随着润湿热的放出而减小，最终使得由分子间引力而导致的煤粉颗粒间引力和由煤粉颗粒所带异号静电荷而引起的静电引力降低，从而导致煤粉颗粒之间的附着力减小，煤粉的输送性能就得到一定程度的改善。当煤粉中水分含量超过了吸附水和薄膜水的范围以后再提高时，煤粉颗粒之间就会形成毛细管水，而由毛细管水所引起的毛细管力将使煤粉颗粒之间的附着力大大提高，结果就会使煤粉颗粒难以喷出流化喷吹罐而进入输送管道，即使进入输送管道的煤粉颗粒，其流动速度也会有所降低，也就是说恶化了煤粉的输送性能。

煤粉中吸附水和薄膜水的最大值就是煤粉输送性能最佳点的适宜水分含量。由于不同煤种和配比的煤粉亲水性不同，因此，不同煤种和配比的煤粉中吸附水和薄膜水的最大值就存在一定的差距，从而煤粉输送性能最佳点的适宜水分含量也就有所不同。在大多数情况下，煤粉的适宜水分含量在 2.0% 左右。

7.13　无烟煤配比对煤粉输送性能的影响

在无烟煤配比对煤粉输送性能影响的试验中，烟煤选用输送性能比较好的神府煤，无烟煤选用宝桥煤，试验结果见表 7 - 10 和图 7 - 11。从表 7 - 10 和图 7 - 11 可以看出以下几点：

（1）当宝桥无烟煤的配比含量小于 30% 时，混合煤粉（神府煤 + 宝桥煤）的输送速度随着宝桥无烟煤配比的增加而明显降低，煤粉输送性能也随之明显恶化。当宝桥无烟煤的配比为 0% 时，混合煤粉（神府煤 + 宝桥煤）的输送速度为 192.2g/min；当宝桥无烟煤的配比含量增加到 30% 时，输送速度降到了 161.3g/min，降低了 19%。

（2）当宝桥无烟煤配比在 30% ~60% 的范围内时，混合煤粉（神府煤 + 宝桥煤）的输送速度随着宝桥无烟煤配比的增加而降低，但降低得幅度很小，煤粉的输送性能也没有明显的变化。当宝桥无烟煤的配比为 30% 时，混合煤粉（神府煤 + 宝桥煤）的输送速度为 161.3g/min；当宝桥无烟煤的配比增加到 60% 时，输送速度只有 158.6g/min，只降低了 2%。

（3）当宝桥无烟煤的配比超过 60% 以后，混合煤粉（神府煤 + 宝桥煤）的输送速度随着宝桥无烟煤配比的增加而明显降低，煤粉的输送性能也明显恶化。当宝桥无烟煤的配比含量为60%时，混合煤粉（神府煤+宝桥煤）的输送速度为158.6g/min；当宝桥无烟煤的配比含量增加到100%时，输送速度降到了138.3g/min，降低了15%。

表7-10 无烟煤配比对煤粉输送性能的影响

煤　种	水分/%	粒度组成/%			煤粉的输送速度/g·min⁻¹
		-200目	100~200目	40~100目	
100%神府煤+0%宝桥煤	0	35	50	15	192.2
70%神府煤+30%宝桥煤	0	35	50	15	161.3
60%神府煤+40%宝桥煤	0	35	50	15	160.1
50%神府煤+50%宝桥煤	0	35	50	15	159.5
40%神府煤+60%宝桥煤	0	35	50	15	158.6
30%神府煤+70%宝桥煤	0	35	50	15	148.0
0%神府煤+100%宝桥煤	0	35	50	15	138.3

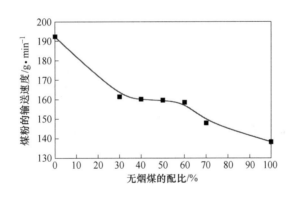

图7-11 无烟煤配比对煤粉输送性能的影响

　　由于神府烟煤的结构比较疏松，而宝桥无烟煤的结构比较致密，随着宝桥无烟煤配比含量的提高，混合煤粉（神府煤+宝桥煤）的堆积密度就随之提高，也就是说，煤粉中由分子间引力而导致的煤粉颗粒之间的相互吸引力也逐步提高，从而不利于煤粉在流化喷吹罐内的流化喷吹和在输送管道内的流动，恶化了煤粉的输送性能。当神府烟煤与宝桥无烟煤的混合度比较高时，不同煤种的煤粉颗粒之间的相互作用力起主导作用，因此，当宝桥无烟煤的配比含量从30%增加到60%时，煤粉颗粒之间的相互作用力并没有发生明显的变化，从而导致煤粉的输送性能也不会发生明显的变化。

　　单纯从改善煤粉输送性能的角度来考虑，高炉喷吹混合煤粉时应该适当降低无烟煤的配比。但是，由于影响高炉喷吹煤粉的因素很多，如从煤粉发热量的角度来考虑，烟煤的发热量比较低[25]，过高的烟煤配比会降低混合煤粉的发热量，所以，确定高炉喷吹煤粉中无烟煤的配比还应该考虑其他方面的因素，如煤粉在高炉内的能量利用状况和煤焦置换比等。

7.14　固气比对煤粉输送性能的影响

文献［3］认为，当固气比 $\mu > 15kg/kg$ 时，煤粉的输送过程属于浓相输送；固气比 $\mu < 15kg/kg$ 时煤粉的输送过程属于稀相输送。固气比对煤粉输送性能影响试验的固气比分别是 $\mu = 1kg/kg$（稀相）和 $\mu = 16kg/kg$（浓相），固气比对煤粉输送性能影响的试验结果见表 7 – 11。从表 7 – 11 中可以看出以下几点：

（1）在稀相（固气比 $\mu = 1kg/kg$）输送时，试验选用的 2 种烟煤中，神府煤的输送性能比较好，输送速度达到了 192.2g/min；红强煤粉输送性能比较差，输送速度为 186.5 g/min。但两者相差并不大，只有 3%。在浓相（固气比 $\mu = 16kg/kg$）输送时，试验选用的 2 种烟煤中，神府煤的输送性能比较好，输送速度达到了 2914.2g/min；红强煤粉输送性能比较差，输送速度为 2812.0g/min。但两者相差并不大，只有 4%。

（2）在稀相（固气比 $\mu = 1kg/kg$）输送时，试验选用的 2 种无烟煤中，太西煤的输送性能比较好，输送速度为 174.0g/min；高平煤的输送性能比较差，输送速度只有 131.9 g/min。两者相差 32%。在浓相（固气比 $\mu = 16kg/kg$）输送时，试验选用的 2 种无烟煤中，太西煤的输送性能比较好，输送速度为 2534.0g/min；高平煤的输送性能比较差，输送速度只有 2401.3g/min。两者相差 6%。

（3）在稀相（固气比 $\mu = 1kg/kg$）输送时，神府烟煤与高平无烟煤的输送速度相差 46%、神府烟煤与太西无烟煤的输送速度相差 10%、红强烟煤与高平无烟煤的输送速度相差 41%、红强烟煤与太西无烟煤的输送速度相差 7%。在浓相（固气比 $\mu = 16kg/kg$）输送时，神府烟煤与高平无烟煤的输送速度相差 21%、神府烟煤与太西无烟煤的输送速度相差 15%、红强烟煤与高平无烟煤的输送速度相差 17%、红强烟煤与太西无烟煤的输送速度相差 11%。也就是说，在稀相（固气比 $\mu = 1kg/kg$）输送和浓相（固气比 $\mu = 16kg/kg$）输送时有同样的规律，即在相同的试验条件下，烟煤的输送速度大于无烟煤的输送速度，烟煤的输送性能优于无烟煤的输送性能。

表 7 – 11　固气比对煤粉输送性能的影响

煤　种	固气比 /kg·kg⁻¹	粒度组成/%			煤粉的输送速度 /g·min⁻¹
		-200 目	100~200 目	40~100 目	
神府煤	1.0	35	50	15	192.2
红强煤	1.0	35	50	15	186.5
高平煤	1.0	35	50	15	131.9
太西煤	1.0	35	50	15	174.0
神府煤	16.0	35	50	15	2914.2
红强煤	16.0	35	50	15	2812.0
高平煤	16.0	35	50	15	2401.3
太西煤	16.0	35	50	15	2534.0

当固气比发生变化时，煤粉本身的各种物理性质和化学性质并没有发生明显的变化，发生变化的只是煤粉输送管插入到流化喷吹罐中的位置。当煤粉输送管在流化喷吹罐中的

位置比较高时，煤粉输送的固气比就比较低；当煤粉输送管在流化喷吹罐中的位置比较低时，煤粉输送的固气比就比较高。这对煤粉的输送性能并没有影响，因此，煤粉的输送性能在浓相输送时与稀相输送时呈现出的规律基本相同。值得指出的是，实际生产过程中煤粉输送固气比是通过调整流化喷吹罐内的压力来实现的。尽管煤粉输送试验中调整固气比所采用的方法与实际生产过程中的方法有比较大的差别，但煤粉输送性能的测定结果是完全一样的。

7.15 输送介质对煤粉输送性能的影响

输送介质对煤粉输送性能影响的试验是分别采用空气和氮气作为输送介质来测定单种煤粉和混合煤粉的输送性能，单种煤粉选用东胜烟煤和阳泉无烟煤；混合煤粉选用20%东胜煤+80%阳泉煤。试验结果见表7-12和图7-12。从表7-12和图7-12中可以看出以下几点：

（1）输送介质对东胜烟煤的输送速度影响不大，空气输送时，输送速度为149.9g/min，氮气输送时，输送速度为148.2g/min，两者相差只有1%。输送介质对阳泉无烟煤的输送速度影响也不大，空气输送时，输送速度为120.5g/min，氮气输送时，输送速度为125.7g/min，两者相差也仅有4%。

（2）输送介质对混合煤粉（20%东胜煤+80%阳泉煤）的输送速度影响不大，空气输送时，混合煤粉（20%东胜煤+80%阳泉煤）的输送速度为118.4g/min，氮气输送时，输送速度为115.4g/min，两者相差只有3%。

（3）无论是氮气输送还是空气输送，东胜烟煤的输送速度都大于阳泉无烟煤的输送速度，东胜烟煤的输送性能好于阳泉无烟煤的输送性能。空气输送时，东胜烟煤与阳泉无烟煤的输送速度相差24%；氮气输送时，东胜烟煤与阳泉无烟煤的输送速度相差18%。

表7-12 输送介质对煤粉输送性能的影响

煤 种	粒度组成/%		输送介质	煤粉的输送速度 /g·min⁻¹
	-200目	100~200目		
东胜煤	60	40	空气	149.9
东胜煤	60	40	氮气	148.2
阳泉煤	60	40	空气	120.5
阳泉煤	60	40	氮气	125.7
20%东胜煤+80%阳泉煤	60	40	空气	118.4
20%东胜煤+80%阳泉煤	60	40	氮气	115.4

分别采用空气输送和氮气输送时，烟煤、无烟煤以及烟煤和无烟煤的混合煤粉的输送速度都有差别，但差别都很小，并且没有明显的规律性。这主要是由于空气和氮气的物理性能比较接近，所以不管是采用空气输送还是采用氮气输送，煤粉的物理性质和化学性质都没有发生明显的变化，煤粉在流化喷吹罐和输送管道内的运动状态也不会受到影响。因此可以说，当输送的气体介质发生变化时，只要输送气体介质的物理性能不发生明显变化，煤粉的输送速度就不会发生明显的变化，煤粉的输送性能也不会受到影响。也就是

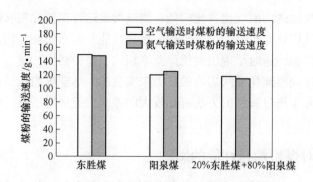

图 7 - 12　输送介质对煤粉输送性能的影响

说，当输送介质的物理性能比较接近时，输送介质对煤粉的输送性能基本上没有影响。试验结果中煤粉输送速度之间的微小差别主要是由试验条件和试验设备等一系列系统误差造成的。

参 考 文 献

[1] 李志义，周一卉. 粉体的气力输送 [J]. 硫磷设计与粉体工程，2000 (1)：12 ~ 16.

[2] Luo Chun-Hua, Hamano Hiroyuki, Uemiya Shigeyuki. Fluidization and surface-to-bed heat transfer coefficient in fluidized beds of very fine Ni and Ni-alloy powders [J]. Journal of Chemical Engineering of Japan, 1998, 31 (1)：95 ~ 102.

[3] 黄标. 气力输送 [M]. 上海：科学技术出版社，1984.

[4] 白世林. 浅谈气力输送中的若干问题 [J]. 化工起重运输设计，1996 (4)：28 ~ 33.

[5] 赵义. 水泥粉体流动性能的研究 [J]. 山东建材，2000 (3)：12 ~ 13.

[6] 苍大强. 气力输送系统新技术 [J]. 工业炉，1996，18 (3)：20 ~ 21.

[7] 胡庆轩，郑怀玉，等. 有机粉体流动性的测定 [J]. 中国粉体技术，1999 (5)：11 ~ 14

[8] 张少明，翟旭东，刘亚云. 粉体工程 [M]. 北京：中国建材工业出版社，1957.

[9] 高敬国，徐德龙，赵江平. 粉体密相气力输送理论与技术进展 [J]. 中国粉体技术，1999：5 (5)：35 ~ 37.

[10] Lockwood F C, Mahmud T, Yehia M A. Simulation of pulverized coal test furnace performance [J]. Fuel, 1998, 77 (12)：1329 ~ 1337.

[11] 周建刚，王炳生，沈颐身，等. 高炉喷煤高浓度输送新工艺 [J]. 化工冶金，1997 (2)：149 ~ 154.

[12] 叶才彦. 高炉多种物料喷吹输送工艺 [J]. 钢铁研究学报，1998，10 (2)：1 ~ 4.

[13] 叶才彦，沈建国. 高炉喷煤浓相输送技术 [J]. 炼铁，1996，15 (4)：37 ~ 39.

[14] 蔡廷书. 高炉富氧喷煤工艺技术调研 [J]. 重钢技术，1996，39 (3)：20 ~ 29.

[15] Sato M, Murai R, Ariyama T, et al. Development of injection lance with high combustibility for high rate coal injection [J]. Tetsu-To-Hagane/Journal of the Iron and Steel Institute of Japan, 1998, 84 (1)：37 ~ 42.

[16] 王敏. 石钢 2 号高炉富氧喷煤实践 [J]. 炼铁，1995 (3)：17 ~ 20.

[17] 周建刚，张述. 煤粉气力输送管道压力损失的实验研究 [J]. 钢铁研究学报，1994，6 (4)：1 ~ 7.

[18] 杨绍利，沈颐身. 高炉喷煤用旋流分配器性能试验研究 [J]. 钢铁钒钛，1995，16（2）：41~46.

[19] Huang Shuiyuan, Wang Zhanwen, Jin Yong. Studies on gas-solid circulating fluidized-bed reactors [J]. Chemical Engineering Science, 1999, 54 (13): 2067~2075.

[20] 杨兴森，孙旭光，王家新. 煤粉颗粒在一次风中的研究 [J]. 山东电力技术，2000，114（4）：9~11.

[21] 张鹏. 卡尔指数法在评价煤粉粉体特性中的应用 [J]. 中国粉体技术，2000，6（5）：33~36.

[22] 侯国宪，胡宾生，贵永亮. 煤粉输送性能测定装置的研制 [J]. 河北理工学院学报，2002，24（4）：16~19.

[23] 刘淑华，马乃洋. 煤粉输送性能的研究 [J]. 钢铁设计，1997（1）：15~19.

[24] 陆厚根. 粉体技术导论 [M]. 上海：同济大学出版社，1998.

[25] 魏国，杨俊和，等. 煤粉燃烬性能与颗粒结构分维的关系 [J]. 东北大学学报（自然科学版），2002，23（3）：240~242.

附录 不同煤在不同条件下的输送过程失重曲线

附图 1 ~ 附图 17 所示为不同煤在不同条件下的输送过程失重曲线。

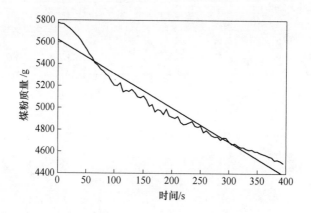

附图 1 神府煤粉输送过程的失重曲线

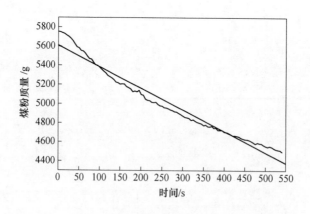

附图 2 宝桥煤粉输送过程的失重曲线

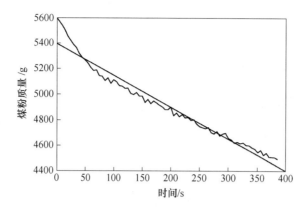

附图3 神府煤粉（＜0.074mm占40％）输送过程的失重曲线

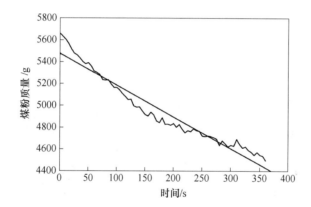

附图4 神府煤粉（＜0.074mm占60％）输送过程的失重曲线

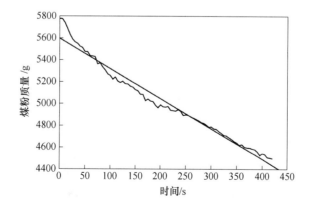

附图5 50％神府＋50％宝桥煤粉（＜0.074mm占30％）
输送过程的失重曲线

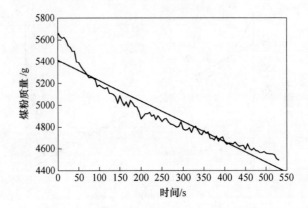

附图 6　50% 神府 + 50% 宝桥煤粉（ < 0.074mm 占 60% ）
输送过程的失重曲线

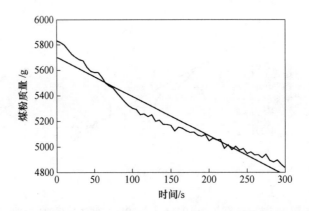

附图 7　神府煤（含水 1% ）输送过程的失重曲线

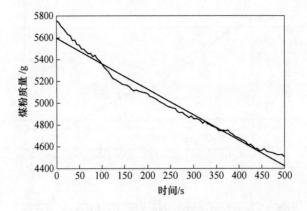

附图 8　神府煤（含水 3% ）输送过程的失重曲线

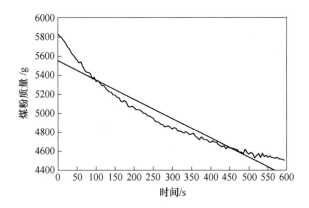

附图 9　50%神府＋50%宝桥煤粉（含水 1%）输送过程的失重曲线

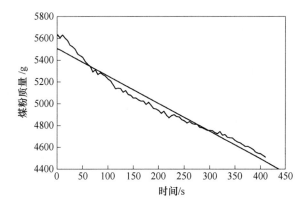

附图 10　50%神府＋50%宝桥煤粉（含水 3%）输送过程的失重曲线

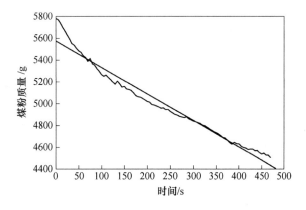

附图 11　70%神府＋30%宝桥煤粉输送过程的失重曲线

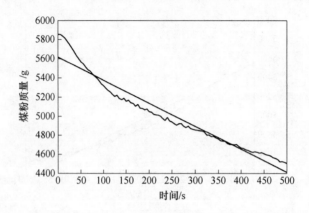

附图 12 40%神府+60%宝桥煤粉输送过程的失重曲线

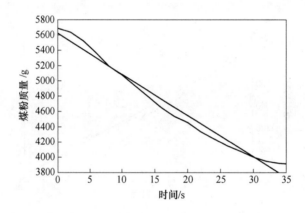

附图 13 神府煤粉输送（浓相）过程的失重曲线

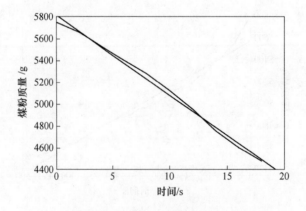

附图 14 高平煤粉输送（浓相）过程的失重曲线

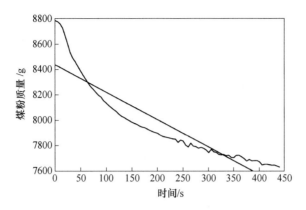

附图 15 东胜煤粉输送（氮气输送）过程的失重曲线

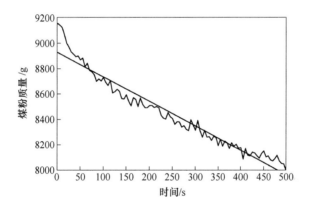

附图 16 阳泉煤粉输送（氮气输送）过程的失重曲线

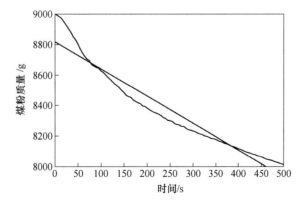

附图 17 20％东胜 +80％阳泉煤粉输送（氮气输送）
过程的失重曲线

冶金工业出版社部分图书推荐